码上学技术·绿色农业关键技术系列

# 猕猴桃
## 高质高效生产200题

钟彩虹 陈美艳 主编

中国农业出版社
北 京

# 编写人员名单

主　　编　钟彩虹　陈美艳

副主编　张　鹏　黄文俊　潘　慧

参　　编　韩　飞　赵婷婷　吕海燕　李　黎

　　　　　田　华　邓　蕾　刘小莉　张　琦

# 前　言

　　猕猴桃是我国继香蕉之后的第九大水果，至2021年，全国猕猴桃种植总面积达到 28.774 万公顷（431.61 万亩），产量343.04 万吨。特别是近十余年，在各地产业扶贫项目的加持下，我国猕猴桃种植面积有了大幅度提升，发展趋势一片大好。在这种形势的驱动下，各地争相种植，而其中由于盲目种植而导致毁园的情况屡见不鲜，毁园情况主要是由选地错误，或没有根据生态环境选择合适的品种以及相应的生产技术缺乏所导致。当灾害天气频繁出现就会导致病害加重、苗木生长弱，严重时甚至导致绝产、毁园等情况发生。有的企业或合作社没有根据自己的资金实力合理规划，以致种植规模过大，后期资金不足、管理跟不上，而导致效益低下，最后不得不弃园；有的果园由于田间管理不到位、过早采收、采后处理技术不完善等原因，导致采后腐烂、失水、冷害及"僵尸果"等问题频出，加重了采后损失。

　　针对产业发展中存在的上述问题，笔者团队已出版过《猕猴桃栽培理论与生产技术》和《猕猴桃生产精细管理十二个月》等理论、技术专著，在产业发展中起到了科技普及与指导的作用。但基于专著篇幅有限，且是按内容设置不同章节，没有完全将果农想要了解的问题收录齐全。因此，笔者团队基于长期和果农、销售企业的交流中了解到的问题，从多角度出发，采取一问一答的方式，将相关猕猴桃产业发展、种植技术、病虫害防治、采后保鲜等内容整理成册，配上近两年新拍摄的相关照片，编写成此书，科普性更强；以更通俗的语言推广产业技术，便于读者针对自己园区的实际情况去书中寻找答案，从而提升果园效益，促进产业发展。

需要特别说明的是，本书及视频中所用农药、化肥施用浓度和使用量，会因作物种类和品种、生长时期以及产地生态环境条件的差异而有一定的变化，故仅供读者参考。建议读者在实际应用前，仔细参阅所购产品的使用说明书，或咨询当地农业技术服务部门，做到科学合理用药用肥。

本书的出版得到了业界同仁的大力支持，在此特别感谢中国农业科学院植物保护研究所张博老师，她在本书相关虫害的鉴定上做了大量的工作。感谢中国农业出版社的编辑老师们为本书的编辑、出版付出了大量的心血。本书的出版得到了国家现代农业（柑橘）产业技术体系和中国科学院科技帮扶项目的支持，在此表示感谢。同时，本书参考、引用了一些国内同仁的研究论文和成果，因版面有限，未能一一列出，不论是否列出，在此对所有作者表示衷心感谢！

由于水平有限，文中难免有纰漏之处，望各位读者批评指正。

编　者

2022 年 2 月

# 目　录

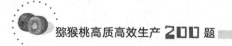

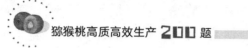

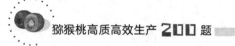

# 视频目录

# 一、猕猴桃产业概况及发展

## 1. 猕猴桃在国际水果中的地位如何？

猕猴桃是全球重要水果之一，据联合国粮食及农业组织（FAO）的最新数据（2021年12月21日更新），至2020年12月，世界猕猴桃总结果面积大约有27.05万公顷，其中中国18.46万公顷、意大利2.49万公顷、新西兰1.55万公顷、希腊1.11万公顷、伊朗0.98万公顷，分别占世界总结果面积的68.24%、9.21%、5.73%、4.10%、3.62%；2020年世界猕猴桃总产量440.74万吨，其中中国223.01万吨、意大利62.49万吨、新西兰52.15万吨、希腊30.74万吨、伊朗28.96万吨、智利15.89万吨，这6个国家猕猴桃产量约占世界猕猴桃总产量的93.76%，其他国家的猕猴桃产量所占比率很小。

## 2. 猕猴桃在我国果树中的地位如何？

根据中国园艺学会猕猴桃分会统计，2021年我国猕猴桃种植面积达到28.774万公顷（约431.61万亩*），比2020年略有增长，增长率达0.4%；2021年产量达到343.04万吨，较2020年猕猴桃分会统计的322.27万吨增加6.44%。

根据大丰收网络查阅数据，2019年我国果园面积共计1.8415亿亩，其中猕猴桃的种植面积和产量排在第九位，前8位依次是柑橘、苹果、西瓜、梨、桃、葡萄、甜瓜、香蕉。

---

\* 亩为非法定计量单位，1亩＝1/15公顷；本书余后同。——编者注

## 3. 我国猕猴桃的栽培驯化历史有多久?

唐代诗人岑参有"中庭井阑上,一架猕猴桃"之描绘,这是我国古代首次有记载的猕猴桃人工栽培,距今约 1 300 年;清代的《植物名实图考》中记载了农夫将山野中的猕猴桃采摘后贩卖的情况,是最早的关于猕猴桃销售的记载;但大多是民间零星利用的记载,我国真正意义的人工栽培是在我国实行改革开放的 1978 年以后,最早人工种植的基地是河南省西峡县陈阳乡,1980 年在农业部支持下建立国内第一个猕猴桃人工栽培基地 500 亩(钟彩虹等,2018)。

## 4. 我国最大的猕猴桃种植区域在哪里?

我国规模最大的猕猴桃种植省份是陕西省,自 20 世纪 80 年代开始人工栽培。2022 年 1 月统计,2021 年陕西省猕猴桃种植面积 101.23 万亩,年产量 119.6 万吨;其次是四川省和贵州省,2021 年种植面积分别是 66.78 万亩和 67.7 万亩,年产量分别是 46 万吨和 30.4 万吨;之后是湖南省和江西省,种植面积分别是 38.36 万亩和 31.5 万亩,年产量分别是 35.78 万吨和 28.35 万吨。其他种植猕猴桃省份还有河南、湖北、安徽、云南、江苏等省份。全国累计有 21 个省份种植猕猴桃,种植种类主要是中华猕猴桃、美味猕猴桃,东北地区主种品种为软枣猕猴桃,其种植面积占全国总面积不到 2%。

## 5. 奇异果与猕猴桃是两种水果吗?

猕猴桃属植物原产于以中国为中心的东亚和东南亚地区,目前栽培最为广泛的中华猕猴桃和美味猕猴桃都原产于中国。20 世纪初,猕猴桃被引入新西兰开始商业栽培,在销售过程中被冠以新西兰国鸟"kiwi"之名,命名为"kiwifruit",并广受欢迎流传至世界各地。当传到我国时,按"kiwifruit"音译为"奇异果"或"基维果",因此导致许多人误以为奇异果与猕猴桃是两种水果,实际上奇异果就是我国的中华猕猴桃和美味猕猴桃。

## 6. 奇异莓属于猕猴桃吗?

奇异莓一般指软枣猕猴桃、狗枣猕猴桃、黑蕊猕猴桃等可带皮吃的净果组猕猴桃类型，都属于猕猴桃属植物。

奇异莓的命名同样来源于英文，其果实较小，成熟后柔软多汁，果皮薄且光滑，可连皮一起食用，特性类似于蓝莓类浆果，因此，新西兰将其命名为"kiwiberry"，到中国后翻译为"奇异莓"。

# 二、猕猴桃营养保健价值

## 7. 猕猴桃的营养价值有多高？

猕猴桃作为一种新兴水果，具有丰富的营养、保健价值，是一种重要的医食同源的食物。现代研究证实，软熟后的猕猴桃果实富含糖、有机酸、维生素和矿物质、蛋白质、氨基酸等多种营养，其中，可溶性固形物含量7％～25％，总糖含量4％～15％（平均含量约10％），总酸含量0.6％～2.9％（平均含量约1.6％），含有谷氨酸、天冬氨酸、精氨酸等17种氨基酸，含有维生素C、B族维生素、维生素E等多种维生素，另还有类胡萝卜素、果胶、多种酶类、抗癌物质芦丁和钾、钙、镁、锰等多种矿质营养。

总糖包括葡萄糖、果糖、蔗糖等多种糖类，总酸包括柠檬酸、奎宁酸、苹果酸等多种有机酸。同时，猕猴桃果实中还富含膳食纤维，平均含粗纤维18毫克/克，大于麦片中的含量。猕猴桃是一种富钾水果，每100克猕猴桃中含钾185～576毫克，略高于香蕉。同时，钙含量也高，达0.16～0.61毫克/克，高于大部分水果（表1）。

表1　新西兰海沃德果实主要营养成分（以每100克计）

| 成分 | 含量 | 成分 | 含量 |
|---|---|---|---|
| 可食部分（％） | 90～95 | 烟酸（毫克） | 0～0.5 |
| 能量值（焦耳） | 205～276 | 钙（毫克） | 16～61 |
| 水（％） | 80～88 | 镁（毫克） | 10～32 |
| 蛋白质含量（％） | 0.11～1.2 | 氮（毫克） | 93～163 |
| 脂类含量（％） | 0.07～0.9 | 磷（毫克） | 22～67 |

（续）

| 成分 | 含量 | 成分 | 含量 |
|---|---|---|---|
| 灰分含量（%） | 0.45～0.74 | 钾（毫克） | 185～576 |
| 纤维含量（%） | 1.1～3.3 | 钠（毫克） | 2.8～4.7 |
| 碳水化合物含量（%） | 17.5 | 铁（毫克） | 0.2～1.2 |
| 可溶性固形物含量（%） | 12～18 | 氯（毫克） | 39～65 |
| 可滴定酸（以柠檬酸计，%） | 1.0～1.6 | 锰（毫克） | 0.07～2.3 |
| pH | 3.5～3.6 | 锌（毫克） | 0.08～0.32 |
| 维生素 C（毫克） | 80～120 | 硫（毫克） | 16 |
| B 族维生素$_1$（毫克） | 0.014～0.02 | 硼（毫克） | 0.2 |
| 维生素 A（毫克） | 175 | 铜（毫克） | 0.06～0.16 |
| B 族维生素$_6$（毫克） | 0.15 | 核黄素（毫克） | 0.01～0.05 |

来源：I. J. Warrington，G. C. Weston et al.，1990. kiwifruit science and management.

## 8. 猕猴桃有医疗价值吗？

猕猴桃既是佳果，又为良药。中医学认为，猕猴桃性寒，味甘酸，有解热、止渴、通淋之功效，主治烦热、消渴、黄疸、石淋、痔疮，对肝炎、消化不良、食欲不振、烧烫伤、呕吐等病患者有益。《食经》记载猕猴桃"和中安肝。主黄疸，消渴。"《开宝本草》记载猕猴桃"止暴渴，解烦热，下石淋。"民间有"常吃猕猴桃，浑身不知劳"之说。现代医学研究表明，猕猴桃根、茎、叶、果中含有多种活性成分，对人体具有抗肿瘤、抗突变、抗病毒、抗脂质过氧化、降血脂及提高免疫力等多种药理作用。猕猴桃果汁能明显缓解便秘，增强胃肠蠕动功能，多吃猕猴桃果实可以有效地预防和治疗便秘。猕猴桃籽油中含有丰富的 α-亚麻酸，可以降低血液中的胆固醇和甘油三酯含量。

## 9. 猕猴桃果实适合所有人吗？

猕猴桃虽营养丰富，也具有保健价值，但却不适合所有人或所有情况。《开宝本草》称其"冷脾胃，动泄澼"。猕猴桃性寒，易伤脾阳

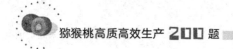
而引起腹泻，故不宜多食，脾胃虚寒者应慎食，大便溏泻者不宜食用；先兆流产、月经过多和尿频者忌食。

有人食猕猴桃果实有过敏反应，如喉咙发痒、舌头肿大、吞咽困难、呕吐、起荨麻疹、嘴唇刺痛、口疮等，若有上述过敏表现，要慎食猕猴桃。

# 三、生态环境与猕猴桃园地建立

## 10. 适宜猕猴桃生长的气候条件是怎样的?

气候条件主要考虑最冷月平均温度、极端低温,最热月平均温度、极端高温,年平均温度,果实生育期积温,降水量及空气湿度等。大部分猕猴桃属植物野外生长的区域年平均温度为 11.3～20.0℃,极端最高气温是 42.6℃,极端最低气温为 −20.3℃,生长期≥10℃有效积温为 4 500～6 000℃,无霜期 160～335 天,年降水量 600～2 000 毫米,相对湿度 60%～85%。其中中华猕猴桃适宜的年平均温度为 14～20℃、年降水量为 1 000～2 000 毫米(相对湿度为 75%～90%);美味猕猴桃在年平均温度 13～18℃、年降水量 600～1 600 毫米(相对湿度为 60%～85%),且≥10℃有效积温为 4 000～6 000℃,极端最低气温 −20.0～−2.6℃、最冷月平均气温 4.5～5.0℃、最热月平均气温 30～34℃的条件下分布最广。软枣猕猴桃抗寒性更强,可抗冬季极端低温 −30℃以下,南方类型可抗 −20℃以下低温,但不抗热,夏季极端高温在 35℃以内最佳。

## 11. 适宜猕猴桃生长的土壤条件是怎样的?

适宜猕猴桃生长的土壤要求疏松透气,微酸性,pH 在 5.5～6.5,土层厚度 80 厘米以上,地下水位 1.2 米以下。土壤有机质含量决定了种植难度和土壤改良的成本,在生产实践中,0～80 厘米土层的有机质含量达到 2%(或 20 克/千克)较为理想;有机质含量低于 1%(或 10 克/千克)的土壤需要较高的改土成本,需谨慎选择。

建园首选壤土,其次是透气性好的沙石土或砾石土,丘岗山地、缓坡地的疏松土壤适于种植猕猴桃，黏重土壤、水稻田及地势低洼地不适宜种植。

## 12. 气候不适宜的地方也能栽活猕猴桃，为什么不可在此建园？

气候是否适宜需要参考至少10年以上的气象资料才能做出判断。某些气候不适宜的地区，在3～5年的时间内可能未出现极端气候，猕猴桃可以完成由幼苗到坐果的全部生理过程，一旦碰到异常气候，会导致已成活的苗木受损或死亡，从而前功尽弃。因此，要综合考虑种植地区多年的气候条件，才能判断其是否适于猕猴桃长期生长和开花结果，再决定是否发展猕猴桃。

## 13. 为什么要重视猕猴桃园地选择？

猕猴桃是多年生藤本植物，园地选择时除了考虑气候条件、土壤营养和酸碱度外，还要考虑地形地貌、坡度、土壤疏松程度、水源条件等。在适宜的气候、土壤、坡度等条件的基础上建立果园，便

视频1 果园选址

于搭设棚架、园区管理，利于猕猴桃生长，同时也可以有效降低生产成本。而在不适宜的环境和立地条件下，棚架搭建成本增加，园区管理不便；较差的土壤条件导致后期猕猴桃生长受影响，产量不高、效益低下，并容易滋生各种病虫害；特别是在冰雹、低温和倒春寒等自然灾害频发区，冻害或冷害严重，从而导致猕猴桃溃疡病不同程度地发生，严重时会毁园。因此，重视猕猴桃园地选择并做出合理选择可达到事半功倍的效果。

## 14. 为什么要重视猕猴桃建园和园区规划？

果园建设是果树生长的基础，特别是猕猴桃，其经济寿命可达50年以上，因此，建园是一项重要的基础工程，特别是土壤改良、道路及排水系统、棚架建设，均要求一次性高标准完成，只有这样，后期种苗栽下后，才能达到在1～2年内上架成形、第三年投产、第四年进入盛产的效果。如果等苗木上架后再进行果园棚架、道路等硬

件修改和提升，其难度和改造成本都增加，且会影响果园的正常投产。因此，要重视猕猴桃的高标准建园，并且主张先做好土壤改良、棚架建设、道路与排灌系统等基本建设，再栽苗，方可达到事半功倍的效果（彩图1）。

建设高标准果园，首先要根据地形地貌做好科学合理的园区规划，保证果园的各基本要素齐全，同时为后期果园的机械化作业和防灾减灾提供保障，降低生产管理的难度和成本。（视频2）

视频2 建园规划

## 15. 西北及华北产区猕猴桃园如何选择品种类型？

西北及华北产区包括陕西、天津等省份，气候相对寒冷，建议选择抗寒性强的美味猕猴桃品种或软枣猕猴桃品种为主栽品种，抗寒性强的四倍体中华猕猴桃品种可少量发展。

## 16. 西南产区猕猴桃园如何选择品种类型？

西南产区一般包括云南、贵州、四川、重庆、西藏等省份，垂直气候带明显，对于冬暖夏凉的高原气候区域，建议主要选择中华猕猴桃红心类型和黄肉类型的品种，而高海拔的冬季偏寒区域，建议主要选择美味猕猴桃或软枣猕猴桃品种。

## 17. 华中产区猕猴桃园如何选择品种类型？

华中产区一般包括湖北、湖南、河南等省份，华中产区气候多样，因此应根据各县市的小气候来选择品种类型，大多是中华猕猴桃和美味猕猴桃，而高山地区选择抗寒性强的品种类型。

## 18. 华东产区猕猴桃园如何选择品种类型？

华东产区一般包括江苏、浙江、江西、福建、上海、山东等沿海省份，整体气候偏暖，带有海洋性气候，建议冬季温暖的区域以栽种中华猕猴桃品种为主，冬季寒冷区域则以美味猕猴桃品种为主。

## 19. 华南产区猕猴桃园如何选择品种类型？

华南产区一般指广东、广西北部地区，冬季温暖，建议选择需冷量低的中华猕猴桃红黄肉品种。

## 20. 猕猴桃园的管理规模应该如何设置？

对陕西和四川等全国大部分猕猴桃产区的调研表明，单亩经济效益最高的猕猴桃园是 30 亩以内的果园，其次是 30～50 亩，再次是 50～100 亩，规模越大的果园，单亩效益越低。

在当前以人工管理为主、机械化操作为辅的管理模式下，以单个家庭 1～2 个劳动力为例，猕猴桃单个果园的面积建议以 30 亩以内为宜，最大不超过 50 亩；如果加大机械的投入，能做到全程机械化管理，则每个家庭可管理 50～100 亩。企业可考虑大规模种植，在科学规划、分区生产的前提下

视频 3　果园面积确定

发展"万亩果园"，但仍应分解为单个面积 50～100 亩的小片区进行分片管理。（视频 3）

## 21. 猕猴桃园为什么要搭架？

猕猴桃是木质藤本植物，需要搭架供其攀缘生长，使其枝叶能充分利用空间和光照，获得高产、优质的果实。此外，搭架后机械和工人可在架面以下通行和进行农事操作，便于开展田间管理。

## 22. 猕猴桃园的架式有哪些？

目前猕猴桃园的架式主要有平顶棚架、T 型架、斜棚架和弧形棚架等几种类型，在基础类型上还衍生出如"门"形架、降式 T 形架、翼式 T 形架等特殊的架式类型。架式选择时，要根据地形、品种及经济实力来选择，在平地果园可选择平顶大棚架和 T 形棚架；在山地果园可采用 T 形棚架、小斜棚架或弧形棚架；架材可用水泥柱、钢管、不锈钢丝或木材等。

## 23. 猕猴桃园建园过程中何时搭架最好？

猕猴桃园搭架是为了满足猕猴桃幼苗的生长需求，并支撑成年猕猴桃枝蔓在空间有效展开，确保空间利用率和果园产量。猕猴桃幼苗一般在当年冬季栽植，翌年3—6月生长最为迅速，需要棚架提供生长空间，因此，搭架应该在3月之前完成。但实践中，搭架操作往往会对已栽植的猕猴桃幼苗造成损伤，因此搭架工作最好在栽苗之前完成。

特殊情况下，受材料、资金、工期等影响，无法在栽苗前甚至栽苗当年搭架，亦可选择"先栽苗插竹竿牵引，后搭架，冬季回剪，翌年上架"的方式，但该方式的弊端是会造成延迟一年坐果，延长投资回报周期。

## 24. 什么样的地形条件比较适合建园？

平地、丘陵地及山地均可种植猕猴桃，平地和缓坡丘陵地是较适宜种植猕猴桃的地形。但平地建园要求充分做好排水系统，尤其是在年降水量较大或较集中的区域。山地要尽量选择坡度15°以内的地块建园，有利于保持水土；坡向宜选择南坡或东南坡等避风向阳的地方，忌选北坡，以满足猕猴桃对阳光的需求；避开山顶或风口，以免果园遭遇风害。

对于偏远贫困山区，地形复杂，坡度15°以内的地块很少，此时可选择25°以内的坡地，且选用半山腰以下的地块为宜，并采取坡改梯的水土保持工程（彩图2）。同时，在半山腰以上种植深根性的乔化树，涵养水源；果园上方修拦洪沟，防止暴雨时山水进园。

## 25. 平缓地猕猴桃园如何建立？

首先应对地表清除杂物，测绘出地形图，根据地形图进行园区规划，修建道路和排水系统，通过道路将果园划分为20～30亩大小的片区，将计划修路区域的表土挖起撒到种植区域内，然后对种植区进行土壤平整，之后撒粗质肥料、有机肥、磷肥等改土材料，再进行深翻、放线、起垄、搭建大棚架、建设水肥一体化设施等工作，搭架后栽苗，同时修筑园区内机耕道、排水沟及连接园内外的主路等基础设施，完成建园。

面积较小、地形简单的果园，可在清除地表杂物后直接进行果园规划，再进行后续建园相关工作即可。

## 26. 山地猕猴桃园如何建立？

坡度10°以内的缓坡山地可参照平地建园的方法建园，利于排水的方向即行向。坡度10°以上不能直接在斜坡上建园，首先进行园区规划，做好道路和排水沟的规划；其次，对种植区域进行地形整理，将山地改造为梯田，梯田宽度不少于3米，可保持水土且利于机械化操作（彩图3）；改造成梯田后，沿每阶面的内侧修建排水沟，园地架式采用T形架或斜棚架。

## 27. 山地猕猴桃园的梯田如何设计？

山地猕猴桃园的梯田阶面需要有2°～5°的倾斜，根据阶面倾斜方向分为内斜式和外斜式两种。在降水充沛、土层深厚的地区，可设计为外高内低的内斜式阶面，防止梯面被大雨冲毁，但改造成本较高；在降水少、土层浅的地区，可以设计外低内高的外斜式阶面，降低改造成本。

设计阶面的宽度应根据坡度大小而定。陡坡地阶面宜窄，缓坡地阶面宜宽。一般5°坡阶面宽10～25米，10°坡阶面宽5～15米，15°坡阶面宽5～10米，20°坡阶面宽3～6米。阶面宽度一般不得低于3米，否则无法开展机械化操作。

## 28. 建园为什么要起垄？高垄是什么意思？

起垄的主要优点是排水方便，因现有猕猴桃砧木均为中华（含美味）猕猴桃本砧，为肉质根系，不耐涝，遇雨水多或高湿黏重土壤，易得根腐病。因此，通过起垄，将猕猴桃的根系区抬高，遇雨水多季节，可以迅速通过垄间排除积水，减轻根系涝害。同时起垄可以增加种植带土壤的疏松透气程度，有利于小苗栽植后根系的快速生长。

一般而言，在土壤沉降压实后，定植垄带的垄面距垄间最低点垂直高度 0.2～0.3 米为宜，高度超过 0.3 米的可以称为高垄。高垄是指通过提升定植垄带的高度，牺牲部分田间操作的便利性来保证果园排水顺畅和根系生长良好的特殊起垄形式，主要针对地下水位高、降水量大或降水集中、田间积水风险较高的区域，在一般区域不需要起高垄。传统的高垄一般会影响田间管理活动的便利性，增加田间机械化操作难度。

## 29. 怎样协调起垄与机械化操作的矛盾？

面对人力成本的增加或劳动力越来越缺少的实际情况，很多果园不愿采取起垄栽培，认为起垄影响机械化操作。实际上起垄时采取龟背垄，即垄面窄、垄底宽、垄的两边是斜坡的方式，不会影响机械的操作（彩图 4）。特别是在行距较宽的果园，龟背垄的底座很宽，背面很平缓，完全适宜机械操作。

建园时通过合理规划作业道，机械可以自由便捷地在田间行动，并不需要跨越垄带，就不会存在起垄与机械化操作的矛盾。

## 30. 猕猴桃苗定植时期如何确定？

陕西秦岭以南、广东南岭以北的区域，裸根苗的栽植时间是落叶后至春季萌芽前的休眠期。其中偏南区域以秋季栽植效果最好，秋季或早冬定植，土壤温度还比较高，有利于根系伤口愈合；偏北较寒冷地区或秋季较干旱地区则以春季萌芽前定植为宜。

如果采用两段法栽培，先培养营养钵大苗，则一年四季均可定植；等大田土壤准备好，即可带土移栽，成活率可达 100%，但应注意，在营养钵假植时间尽量不要超过半年。

## 31. 猕猴桃园栽植密度多少合适？

猕猴桃树势较强旺，生长量大，在猕猴桃藤蔓布满架面后，果园产量上限主要取决于棚架的架面面积，而与栽植密度关系较小，栽植密度过大不仅不会增加产量，还会降低果园光照强度和通透性，增加果园病虫害发生概率。

一般而言，猕猴桃园栽植密度以每亩 37～89 株为宜，常见的栽植密度是每亩56～83株，建议采取宽行窄株方式。树势较弱的品种，栽植密度可大；树势强的品种，栽植密度可小。肥沃的土壤稀植，贫瘠的土壤密植。生态环境相对恶劣的区域，密度加大；而生态环境相对适宜的区域，密度变小。

### 32. 猕猴桃园为什么要配雄株？

猕猴桃是雌雄异株植物，雌花需要雄花授粉后才能结果，如果果园内没有雄株，则会出现只开花不结果的情况。部分地区的果园由于附近有其他果园或野生猕猴桃雄株的存在，即使果园内没有雄株也能结果，但其结果数量和质量都无法与正常配置雄株的猕猴桃果园相比。

### 33. 人工授粉可以代替雄株吗？

猕猴桃是雌雄异株，果园必须配置一定比例的雄株，花期天气晴朗、微风习习时，最有利于自然授粉，如加以果园放蜂，则授粉效果更好。人工授粉只是果园管理的一项辅助措施，不能代替自然授粉。主要在花期低温阴雨情况下，因果园昆虫活动减弱，无风力帮助传粉，必须加以人工辅助授粉，提高坐果率和果实品质。

如果果园不配置雄株，完全依靠购买花粉进行人工授粉，则会产生如下问题：①花粉运输过程中温度和湿度难以把控，容易造成花粉失活、失效；②目前花粉带病问题较为严重，且难以识别和检测，容易造成大范围大面积的病害传播，特别是细菌性溃疡病和果实软腐病；③猕猴桃雌花花期只有3～5天，需要在短时间内完成人工授粉，如果花期内找不到人力或人工授粉中为赶进度出现漏授等情况，则会造成当年减产甚至绝产，风险较大；④人工授粉的原料成本和人工成本都较高，会增加果园管理成本，降低收益。

### 34. 雄株占了果园面积又不能结果怎么办？

果园内雄株按照冬季轻剪、花后重剪的方式培养，按科学比例配置雄株，结合科学修剪，使其斜向上生长，占棚架面积减小，不仅不会影响果园产量，反而因授粉效果得到保障，有利于果园产量的稳定。

同时雄株配置科学合理，可减少对人工授粉的依赖，不会出现因为人为漏授或花粉质量问题而影响当年产量，同时也节省田间用工，节省管理成本，从总体来看，种植雄株是利大于弊的。

## 35. 猕猴桃园雄株品种如何选择？

雄株品种选择的原则有以下几点：一是雄株和雌株必须是同一种类，保证授粉亲和；二是雄株品种开花时间与雌株开花时间相同，且雄株品种的花期比雌株早2～3天，晚2～3天，如果一个雄株品种做不到这个要求，可以配置2个雄性品种，1个开花时间比雌株早2～3天，另1个谢花时间比雌株晚2～3天（如磨山4号和磨山雄5号可以搭配一起给金桃、金艳等中花品种授粉）；三是要求雄株品种的花期长（至少7天以上）、花量大、花粉量大、花粉活力强。

## 36. 猕猴桃园雌雄搭配比例多少合适？

猕猴桃雌雄比例一般以（5～8）：1为宜，或增加雄株比例到（3～4）：1，为便于管理和结合高枝牵引，可采取条状配置雄株，即一行雄一行雌，或一行雄二行雌，雌雄比例提高到1：1或2：1，有利于昆虫授粉或机械鼓风授粉。

## 37. 猕猴桃园雌株品种如何搭配？

对于果实供应全国大中城市商超和批发市场或出口销售的果园，建议选择耐运输、果实后熟期长、货架期长的优质品种，每个县主栽品种以2～3个为宜，早中晚熟搭配。

对于果实供应城郊或以景区游客采摘为目的的观光采摘果园，可选择果实后熟期略短、货架期中长的品种，且品种宜多样化，每个观光果园宜选择5～6个品种，早中晚熟搭配，做到3～4个月的采摘期。

生产加工原料的果园，则根据加工产品要求选择适宜的优良品种，以加工厂的需求决定品种搭配数量。（视频4）

视频4　品种选择原则

## 38. 猕猴桃园栽苗过程是怎样的？应注意哪些问题？

栽苗过程如下。

（1）准备定植穴。按设计株行距先定好栽植点，在每个栽植点处，放 0.01 米$^3$ 的草炭土或高度熟化的沙壤菜园土（有机质含量高、透气性较好的土壤可以省略此步），将其与直径 50 厘米、垂直深度 50 厘米的土壤充分拌匀。

（2）栽苗。根据根系大小，在定植点挖直径 30～50 厘米、垂直深度 30～50 厘米的定植穴，将苗木根系先理顺，放入穴中，使前后左右对齐，即可填土，一边填土一边将苗木向上提动，使根系舒展，土粒落入根系空隙中，到地面与根颈齐平或比根颈部位略低于 1～2 厘米处，填土踩实，做树盘，并立即浇透定根水。有条件的可在树盘覆盖粗质肥料或地布，保墒防草。

（3）注意事项。①栽苗前应解除嫁接苗的嫁接膜；②栽之前对苗木进行修剪，每株苗留一个主茎，对主茎短剪，留 2～3 个饱满芽；③栽后不论晴天还是下雨都应浇透定根水；④如在秋冬季栽苗，定根水下渗后在苗木根颈部培上 2～3 厘米厚的土层，有利于保湿、保温、防冻，提高成活率，但第二年春季气温回升后，需尽早将填埋的土清除，露出根颈，以防根颈埋进土里过深，后期容易腐烂，特别在黏重土壤的果园，腐烂会发生更早、更重。

## 39. 猕猴桃苗栽完后如何引苗上架？

幼树定植后，在幼苗旁边及时立支柱，便于后期引缚新梢培养主干。春季萌芽后，从萌发的新梢中选一个靠近基部的健壮梢作主干培养，其余抹除或摘心（用作辅养枝）。新梢生长到 30 厘米以上时，及时用绳绑缚到支柱上，同时剪除辅养枝。后期定期绑缚，直至上架。同时在新梢长至 50 厘米时，可套上筒状塑料袋或其他材料保护新梢基部。

如果栽苗前做好了棚架，且棚架钢丝紧绷，则可以采取在幼苗旁边立短支柱，用线绳牵引新梢上架的方式，即将线绳一端绑缚在支柱上，另一端绑在幼苗定植点顶上的钢丝上，然后新梢缠绕线绳朝上生长，引上架面。

## 40. 是否所有的猕猴桃园都要建防风林或防风网？

防风林具有降低风速、减少风害、调节温度、提高湿度、保持水土、防止风蚀的作用。

对于单片 100 亩以内的猕猴桃果园，如果周边是树林、山丘等可起到天然防风作用的环境，或处于风力较小的微环境中，可以不考虑防风措施。但果园面积过大或处于风力较大的区域，则必须考虑建设防风林或防风网（彩图 5）。

在风害不严重、对猕猴桃幼苗生长发育影响较小的区域，可在建园时为防风设施预留足够的空间，在栽苗完成后 2～3 年内建成即可。

## 41. 为什么有的地方猕猴桃园要建防雹网？

主要是因为猕猴桃园是建在冰雹频繁发生区，冰雹对农作物的伤害是毁灭性的，轻则当年减产绝产，重则死树毁园，而猕猴桃是多年生植物，一次性投资大，遭遇冰雹虽不至于死树，但每次冰雹后既影响当年的产量和长势，也影响下一年的开花结果，因此需要建设防雹网（彩图 6）。

如果多年气象资料证明某地是冰雹频发区，则不建议种植猕猴桃这类多年生作物，而一年生农作物在冰雹后可以补种或改种其他作物，保证每年收入。

## 42. 猕猴桃园采取避雨栽培有哪些好处？应注意哪些问题？

猕猴桃园采取避雨栽培主要有以下 5 方面的好处。①改善微环境。冬春季节比棚外提高 3～5℃的温度，冬季可以降低冻害、春季可以减轻倒春寒引起的冷害，从而减轻溃疡病的发生，是目前控制溃疡病发生的最好措施之一；高度合适、通风良好的避雨棚在夏秋高温季节比棚外降低 2～4℃的温度，可以防止异常高温对开花坐果及果实的伤害。②春季及初夏，降低棚内湿度，减少猕猴桃病害的发生，特别是对于春季灰霉病、菌核病和溃疡病有非常好的预防和减轻作用。③避免花期遇雨对猕猴桃授粉的影响，可正常开花授粉、坐果或进行人工授粉，确保果园产量。④减轻其他自然灾害如冰雹的影响，减轻生长季节风害，提高商品果率。⑤使田间操作管理不受天气影响，确保各项工作顺利开展（彩图7）。

避雨栽培后，雨水难以渗到棚内，因此栽培管理中应注意水分的管理，稍有不慎，容易出现棚内过干或过湿。如果过干，影响树体养分的吸收，从而影响生长与结果；过湿或及棚内通透性不好，则容易滋生病菌，特别是夏季，高温高湿条件容易引发黑斑病、炭疽病等真菌性病害。

## 43. 猕猴桃园有必要采取温室栽培吗？

根据适地适栽原则选择合适的猕猴桃品种，是不需要采取温室栽培的。但对于抗性弱的品种，如果想在自然条件不适合的区域发展时，则需要采取设施栽培，如简易塑料大棚或温室大棚，可为其生长提供稳定而适宜的条件。但温室的建设成本极高，在建园时需要充分考虑投入产出比再决定是否采取温室栽培。一般在景区附近或城郊，将温室栽培果园用于观光采摘较好，且选择售价较高的品种类型。目前在中华/美味猕猴桃上基本没有商业栽培应用温室，而为提前上市，抢占市场先机，在软枣猕猴桃的栽培上有少数生产者使用温室。

另外，温室栽培的温光控制条件需要满足猕猴桃营养生长和生殖生长的需求，才能使其正常开花坐果，确保效益。

## 44. 建园是选择嫁接苗还是组培苗、扦插苗？

（1）嫁接苗。嫁接是指把植物的某一营养器官，如芽或者着生芽的枝条，接到另一植株的枝、干或根上，两者经过愈合生长在一起而成为新的植株的方法。用作嫁接的芽或枝称为接穗，承受接穗的茎干或根称为砧木，嫁接后培育的苗木，称为嫁接苗。通过嫁接，可以把砧木和接穗的优点融为一体，可以利用砧木的抗性（如抗寒、抗旱耐涝、耐盐碱、抗病虫害等）来增强接穗品种的抗性和适应性；而接穗为优良品种，取自发育成熟、性状已稳定的植株，能保持母株品种的优良性状，且生长快、结果早。但嫁接成活率的高低主要取决于砧木和接穗亲和力强弱，两者亲缘关系越近、亲和力越强，亲缘关系越远、亲和力越弱。同品种或同种类间的嫁接亲和力最强。定植嫁接苗是生产上普遍采用的方式，且定植后可一次成园，植株间整齐度较高。

**（2）组培苗。**是指以接穗品种的嫩芽通过组织培养形成的苗木，其根系至地上部分均是接穗品种。采用组培苗的优点是组培技术如果成熟，便于工厂化育苗。目前中华猕猴桃和美味猕猴桃的组培苗难以生产，且生产中是经过愈伤组织再分化形成芽或根，获得的种苗因再生培养经历的培养代数过多，容易发生遗传变异。而软枣猕猴桃生根容易，组培时是直接从芽到芽的快繁增殖，成苗容易，很大程度上降低了组织培养条件下引起的遗传变异。因此，目前生产上主要是软枣猕猴桃或砧木苗采用组培苗，而中华猕猴桃或美味猕猴桃的栽培品种很少用组培苗。

**（3）扦插苗。**利用植物器官的再生能力，将一段枝插入土中，使其发根、发芽而形成独立的新植株，称为扦插苗，猕猴桃的扦插苗有利用冬季休眠枝条扦插得来的，也有利用当年生半木质化枝条扦插得来的。但中华猕猴桃和美味猕猴桃的根为肉质根，扦插成活率低，生产上不适用。软枣猕猴桃生根容易，生产上较多采用扦插苗。近几年从对萼猕猴桃、大籽猕猴桃中培育的砧木容易生根，生产上主要采用扦插苗。

### 45. 采取一次性栽嫁接苗建园有哪些优缺点？

主要优点有：①流程简单，嫁接苗是已经嫁接成活的成品苗，定植后不需要再次的嫁接操作，且长势一致，成园效果好；②如果肥水管理到位，栽苗后可当年上架，第二年即可少量产果，第三年进入大量结果期。

主要缺点有：①接穗纯度取决于苗木生产商，无法把控品种纯度；②苗木品种选择较少，苗木商一般只生产和销售现有大面积栽培的苗木品种；③栽苗时雌雄株极易弄混，造成果园雌雄株搭配与设计严重不符。

### 46. 采取先栽实生苗（砧木）后嫁接品种建园有哪些优缺点？

主要优点有：实生苗较嫁接苗耐粗放管理，定植后其成活率高于嫁接苗，而且根系相对发达，长势较旺，生长一年后，冬季很容易达到茎粗1厘米及以上的程度，冬季嫁接成活后第二年苗木长势强旺，可迅速上架成形，同样第三年进入大量结果期。

缺点：嫁接成活率很难达到100%，需要补接2次左右方能成园，影响成园的一致性。

## 47. 苗木的树龄越大越好吗？

一般在生长前3年，根颈部位及老的根段上发生的强旺生长根是猕猴桃植株将来大骨干根形成的重要基础，到5年生时，发生的强旺根已奠定了骨干根的基础，之后不再发生或很少发生大的骨干根，而以水平伸展为主。若使用树龄较大的苗木，在起苗过程中不可避免会发生较大程度的骨干根系损伤，后期出现植株生长势弱、生长缓慢、生长潜力降低的情况，形成"小老苗"。

同时，在苗圃中集中生长的时间越长，苗木感染根系或植株病害的风险越高，大田定植后经常出现死苗的情况。

综上，建议生产上使用健壮的1年生苗。

## 48. 采用砧木苗建园的猕猴桃园何时嫁接较好？

在生长期较长的南方区域，如果夏季温度适宜（最高温不要超过34℃），砧木苗长势良好（嫁接口粗度要求1厘米以上），可以在5月下旬至6月上中旬进行嫁接。此时嫁接要求保存好冬季的接穗，或有专用的采穗圃供嫁接用，嫁接时采集木质化程度较高的枝条，但浪费较大，剪过重时影响果实生长。

若生长期较短，或夏季温度不适宜，或苗木前期长势较差，则需要在休眠季节进行嫁接。长江以北的大部分区域需要注意防寒，不要在温度低于−2℃的气候条件下嫁接；陕西、河南、山东等地需要在春节过后气温较为稳定时进行嫁接，一般在雨水后、惊蛰前进行。

# 四、猕猴桃种类简介

## 49. 猕猴桃属植物有多少种类?

按《中国植物志》的最新分类,猕猴桃属植物共有 54 个种和 21 个变种,共 75 个种下分类单元。其中具有食用价值的重要种类有中华猕猴桃、美味猕猴桃、刺毛猕猴桃、毛花猕猴桃、软枣猕猴桃、陕西猕猴桃、黑蕊猕猴桃、狗枣猕猴桃、长果猕猴桃、湖北猕猴桃、浙江猕猴桃、繁花猕猴桃、金花猕猴桃、山梨猕猴桃等 20 种。

## 50. 人工栽培猕猴桃有哪些种类?

目前广泛人工商业栽培的猕猴桃种类是中华猕猴桃、美味猕猴桃,其次是软枣猕猴桃和毛花猕猴桃,近几年研究表明,部分净果组猕猴桃种类,如对萼猕猴桃、大籽猕猴桃等具有较高的耐涝性,主要用作现有商业栽培种类的砧木。

## 51. 人工栽培的猕猴桃有什么特点?

**(1)美味猕猴桃。**又名毛杨桃、毛梨子、藤鹅梨、木杨桃等,植株长势强旺,新梢密被褐色长毛,雌花多单生,雄花多序生,花大,花冠直径 4~7 厘米,雌花比雄花略大;果实有圆柱形、椭圆形、卵圆形、近球形等多种形状,平均单果重一般为 30~200 克,幼果表皮为绿色,近成熟果皮变黄褐色或褐色,果实表面密被黄褐色长硬毛,成熟时硬毛残存或少量脱落。果肉以绿色为主,少量为黄色或黄绿色,有的果心四周呈现红心;果肉质地大多较粗,也有细嫩,风味酸甜适口至浓甜,软熟果实可溶性固形物含量 8%~25%,汁多,果实维生素 C 含量 0.3～1.6 毫克/克（鲜重），果实适于鲜食与加工，其贮藏性普遍较强，采后常温下后熟天数 9～49 天，成熟期一般 9—11月，也有少量 8 月成熟。

美味猕猴桃是目前最主要的商业栽培类型，在中国以外国家中有89％以上的栽培品种属于该变种，国内也有 51％的栽培品种属于这个类型，主要分布在陕西、山东、河南、湖北、湖南、贵州、四川、云南等省份。

（2）**中华猕猴桃。**又名羊桃、藤梨、光阳桃等，植株生长势弱到强，且随着染色体倍性的增加逐步增强。新梢绿色，密被茸毛，枝条木质化后茸毛脱落，雌花多单花或聚伞花序，雄花为聚伞花序，花比美味猕猴桃小；果实有圆柱形、椭圆形、卵圆形或近球形等多种形状，其平均单果重一般为 20～150 克，幼果果皮绿色、果面有茸毛，近成熟果实大多为褐色、绿褐色，少数为绿色，果面茸毛脱落。果肉以黄色或黄绿色为主，少量为绿色或红心。果实风味酸至浓甜、多汁、质嫩。果实软熟后可溶性固形物含量 7％～25％，果实耐贮性弱到强，果实采收后软熟时间 5～25 天。

中华猕猴桃主要分布于我国南部地区及中部地区的低海拔区域，相比美味猕猴桃较抗热、耐高温，但抗寒性相对弱。在倒春寒严重的区域，容易受害，特别是二倍体品种类型如遇冻害或冷害，容易感染细菌性溃疡病。

（3）**软枣猕猴桃。**又名软枣子、圆枣子和藤枣等，包括陕西猕猴桃变种、紫果猕猴桃变型，单果重一般为 4～20 克，果实成熟时皮为绿色、紫红色等多种颜色，果皮光滑无毛可食用、皮味较酸，果肉绿色或紫色、紫红色等。果实软熟后，果肉大多味浓甜或甜酸适宜，皮可食用，部分品种皮风味好，但大部分皮较酸。果肉营养丰富，软熟果实可溶性固形物含量 14％～25％，总酸含量 0.9％～1.3％，总糖含量 9％～11％，每 100 克果实维生素 C 含量 30～430 毫克。

在武汉，果实成熟期 7—8 月；在北京，果实成熟期 8—9 月。果实极不耐贮，武汉常温后熟期 3～5 天，冰箱低温后熟期 7～10 天。但软枣猕猴桃抗寒性极强，在−39℃条件下也能正常生长发育，主要分布在我国东北地区及其他省份的高海拔寒冷地区，适应性强。近 5

年该种类在我国人工栽培发展较快，特别是在北方地区。

（4）**毛花猕猴桃。**又名毛冬瓜、白毛猕猴桃、白布冬子、白藤梨等，在年均温为14.6～21.3℃的区域内广泛分布，主要分布在广东、广西、江西、湖南、福建、浙江等省份的山区。

毛花猕猴桃花为聚伞花序，粉红色，果实表面密被白色、灰白色或棕色长茸毛，果实长圆柱形或长椭圆形。果实单果重一般为10～40克，果皮易剥离，果肉翠绿色或墨绿色，肉质细，果心较小，多汁，风味酸甜，有青草气味，软熟果实可溶性固形物含量10%～16%，总糖含量10%左右，总酸含量1%～2%，富含维生素C，每100克鲜果肉含450～1 400毫克，是中华猕猴桃和美味猕猴桃维生素C含量的6～10倍。种子出油率20%，种子油中84%以上为不饱和脂肪酸，其中α-亚麻酸达56%，具有很高的经济价值。在我国浙江、江西等省有少量的人工栽培，近年来已有风味较好的品种面世，但暂未大面积推广。

## 52. 其他种类的猕猴桃是不是没用？

75个种或变种的猕猴桃中，除了果实较大的中华猕猴桃、美味猕猴桃和毛花猕猴桃，以及能整果食用的软枣猕猴桃或狗枣猕猴桃、黑蕊猕猴桃、陕西猕猴桃等净果组（奇异莓）种类进入商业栽培，其他种类目前仅处于野生状态，未进行商业开发。

（1）除了商业栽培的几个种类外，还有10多个种类果实可以食用，只是由于果实太小、风味偏酸而未被商业化栽培，但这些种类树势强旺，抗逆性较强，可以作为很好的育种亲本或砧木利用。如阔叶猕猴桃果实维生素C含量极高，耐热，花是总状花序，每序30～34朵花，可作为培育高维生素C或特色结果状猕猴桃品种的亲本；山梨猕猴桃树势强旺，耐涝耐旱，果实风味香甜、耐贮，果实坐果期长，不脱落，但果实小，是培育多抗品种的亲本材料。其他果实不能食用的猕猴桃种类也有很多其他用途，如葛枣猕猴桃是很好的中药材，其果实麻辣不能食用，但根茎叶果可作药用；大籽猕猴桃和对萼猕猴桃均树势强旺，根茎叶也可作为药用，同时根系为木质根，在水淹条件下也能正常生长，可作为培育优良耐涝砧木的亲本来源。

（2）除商业栽培的种类外，其他猕猴桃种类目前大多处于野生状态，经过自然选择，大多抗逆性很强，抗病虫能力比栽培品种强。经过国家猕猴桃种质资源圃的系统鉴定，从对萼猕猴桃、大籽猕猴桃、阔叶猕猴桃、山梨猕猴桃、葛枣猕猴桃、黑蕊猕猴桃等多个种类中鉴定出高抗细菌性溃疡病的种质资源，可用作培育高抗砧木或品种的亲本资源，或从中挖掘相应的优异基因，为猕猴桃的分子育种奠定基础。

（3）很多猕猴桃种类植株生长旺盛，花果色泽鲜艳，香气浓郁，嫩枝幼叶婀娜多姿，适于园林绿化，宜栽植于花架、围墙、走廊和庭院。春季开花颜色多样，香气四溢，沁人心脾，夏秋季节绿叶浓荫，果实累累，是不可多得的赏食兼用的攀缘植物。

（4）大多数猕猴桃种类的茎皮和髓中富含优质的胶液、胶质，茎皮中的水溶性胶液，黏性强，可作为造纸、建筑的黏结剂，也可用作蜡纸和宣纸制造业的胶料。

# 五、猕猴桃品种简介

## 53. 何谓品种？品种有哪些基本属性？

我国种子法描述：品种是指经过人工选育或者发现并经过改良，形态特征和生物学特性一致，遗传性状相对稳定的植物群体。

国际植物新品种保护联盟（UPOV）公约 1991 年文本记载：品种是已知最低一级的植物分类单位内的单一植物类群，该植物类群能够通过由某一特定基因型或基因型组合决定的性状表达进行定义，能够通过至少一个上述性状表达，与任何其他植物类群相区别，具备繁殖后整体特征特性保持不变的特点。

不论是我国种子法、国际植物新品种保护联盟，还是作物育种学或栽培学上关于品种的描述，品种均要求有 3 个基本属性：特异性、一致性、稳定性。

特异性是指一个植物品种有一个以上性状明显区别于已知品种。

一致性是指一个植物品种的特性除可预期的自然变异外，群体内个体间相关的特征或者特性表现一致。

稳定性是指一个植物品种经过反复繁殖后或者在特定繁殖周期结束时其主要性状保持不变。

## 54. 目前猕猴桃品种归属哪些种类？

生产上目前的主栽品种主要来源于美味猕猴桃、中华猕猴桃、软枣猕猴桃、毛花猕猴桃及毛花猕猴桃与中华猕猴桃种间杂交 $F_1$ 代和 $F_2$ 代、山梨猕猴桃与中华猕猴桃种间杂交 $F_1$ 代，实际介绍品种特性时，将其归为遗传倾向更多的亲本，如金艳是毛花猕猴桃（母本）与中华猕猴桃（父本）的杂交后代，其果实成熟时性状更像父本，介绍时将其归类于中华猕猴桃；如中科绿猕5号至中科绿猕9号、RC197均是山梨猕猴桃（母本）与中华猕猴桃（父本）杂交$F_1$代选育品种，其枝、叶、果实形状更像母本，介绍时将其归类为山梨猕猴桃。

　　1978年至2021年6月，我国通过鉴定或审定、保护的新品种累计156个（表2），其中主要是中华猕猴桃，79个，占50.6%；其次是美味猕猴桃和软枣猕猴桃，分别占21.2%和19.9%；最后是种间杂交品种，8个，仅占5.1%，毛花猕猴桃和长果猕猴桃等其他类仅占3.2%（Zhong Caihong et al.，2022）。

表2　1978—2021年中国通过审定或授权的猕猴桃品种数量（个）

| 年份<br>种类 | 审定/鉴定 | | | 审定＋授权 | 授权 | 总计 |
| --- | --- | --- | --- | --- | --- | --- |
| | 1978—1992 | 1993—2006 | 2007—2021 | 2007—2021 | 2007—2021 | |
| 中华猕猴桃 | 17 | 15 | 19 | 16 | 28 | 79 |
| 美味猕猴桃 | 6 | 13 | 5 | 4 | 9 | 33 |
| 种间杂交 | | 4 | 2 | 4 | | 8 |
| 软枣猕猴桃 | | 2 | 7 | 4 | 22 | 31 |
| 毛花猕猴桃 | | | 2 | | 2 | 4 |
| 其他品种 | | | | | 1 | 1 |
| 总计 | 23 | 34 | 35 | 28 | 64 | 156 |

　　美味猕猴桃的代表品种有海沃德、徐香、秦美、翠香、金魁（彩图8）、米良1号、贵长、瑞玉（彩图9）等；中华猕猴桃的代表品种有红阳（彩图10）、东红（彩图11）、金桃、华优、翠玉（彩图12）等；种间杂交培育的代表品种有金艳（彩图13）、金圆、金梅、满天红、江山娇和超红等；软枣猕猴桃的代表品种有魁绿（彩图14）、红宝石星、猕枣1号等；毛花猕猴桃的代表品种有华特（彩图15）、甜华特等。

## 55. 猕猴桃品种根据果肉颜色如何分类？

　　按照消费者普遍接受的认知和销售市场、收购商等约定俗成的规则，目前常见的中华/美味猕猴桃品种可按果肉颜色分为3类。

**(1) 绿肉猕猴桃。**其果肉富含叶绿素，因此呈现绿色，代表品种有海沃德、秦美、徐香、贵长、米良 1 号、翠香、金魁、翠玉、武植 3 号等。

**(2) 黄肉猕猴桃。**其果实成熟后叶绿素逐渐降解，而类胡萝卜素、叶黄素等的黄色显现出来，代表品种有金艳、金梅、金圆、金桃、丰悦、华优、金农、皖金、金霞等。

**(3) 红心猕猴桃。**其果实生长发育过程中，会在果心周围内果皮处形成花青素，呈现出鲜艳的红色，代表品种有东红、红阳、楚红、金红 1 号、金红 50 等。

除中华/美味猕猴桃外，软枣猕猴桃优良品种有魁绿、丰绿、红宝石星、桓优 1 号、龙成 2 号、猕枣 1 号、猕枣 2 号等。其果实颜色多样，有果皮果肉全紫色、果皮绿色果肉紫色、果皮果肉均为绿色等。

## 56. 猕猴桃品种根据用途如何分类？

猕猴桃根据果实用途可分为鲜食品种和加工品种。鲜食品种生产的果实可用于人类直接食用，而加工品种生产的果实需要加工成果汁、果干等各类加工品再食用，大部分猕猴桃品种鲜食与加工兼用。

根据植株性别分雌性品种和雄性品种，雌性品种指田间开花结果的雌性群体，而雄性品种指田间只开花提供花粉给雌性品种授粉的雄性群体。一般要求雌性品种花期集中，有利于提高坐果率，相应的果实成熟期一致；而要求雄性品种花期长，能涵盖雌性品种的整个花期，花量大，出粉量大。

除了生产果实的鲜食或加工品种外，还有用于观赏的品种，指枝、叶、花、果的性状特异，且具有观赏价值的品种，如 1 年开 2～3 次花，且花量大，花朵大，花瓣玫瑰红色的品种超红、江山娇；又如果实成熟时为橙红色的大籽猕猴桃品种金铃等。

根据植株地上地下部分可分为砧木品种和接穗品种，地下部分为砧木品种，目前生产上主要以美味猕猴桃种子播种的实生苗作砧木，没有专用的砧木品种。近几年针对本砧不耐涝的问题，推出了从对萼猕猴桃或大籽猕猴桃中选出的耐涝品种，如中科猕砧 1 号、中科猕砧

2号等；地上部分为接穗品种，主要指目前培育的系列优良雌雄品种。

## 57. 猕猴桃品种根据成熟期如何分类？

根据猕猴桃成熟期进行分类的作用主要在于指导农业生产。在大面积种植单个品种的情况下制定细化到品种的技术措施是有必要且实用的，但目前我国猕猴桃产业中种植的品种众多，许多猕猴桃产区的品种构成非常复杂，同一个产区甚至同一个果园种植十余个猕猴桃品种的情况广泛存在，根据不同成熟期进行品种分类并分别制定相对粗略的田间管理措施具有更强的实用性。

同一个品种在我国南北不同的区域种植其成熟期不一致，例如红心品种东红，在湖北武汉的自然成熟期约为每年9月中旬，但在云南屏边等低纬度高海拔地区的成熟期可提前至8月中旬。

国家猕猴桃种质资源圃位于我国中部的武汉市，品种的物候期接近其南北差异的中间值，根据资源圃内对保存的150余个猕猴桃品种的成熟期鉴定，最早成熟时间是7月下旬，为软枣猕猴桃品种，最晚成熟时间是11月上旬，是金魁和海沃德，大部分品种成熟期集中在9—10月。可根据在武汉的猕猴桃成熟期粗略划分出早熟品种（9月15日之前成熟）、中熟品种（9月15日—10月15日成熟）和晚熟品种（10月15日之后成熟），但三类之间并没有非常严格的分界线，还可以衍生出早中熟品种、中晚熟品种等过渡类型。

## 58. 中国以外区域猕猴桃的主栽品种有哪些？

中国以外区域种植的猕猴桃品种以美味猕猴桃海沃德为主，其种植面积约占中国以外猕猴桃种植总面积的80%；意大利和智利种植部分金桃以及少量的金艳和东红；此外，意大利还种有G3，智利种少量Dori，日本种少量Hort16A；新西兰除海沃德外，还种植了Hort16A、G3、G9等品种。

# 六、猕猴桃引种、选种、育种

## 59. 猕猴桃品种的培育方法有哪些？

猕猴桃是原产于我国的特色果树，其品种培育途径主要有野生选优、实生选择、杂交育种，以及少量芽变选种、引种，近十余年扩展至生物技术育种。

首先，我国猕猴桃最早的品种是引种新西兰早期培育的美味猕猴桃品种，如海沃德、布鲁诺等，引进后经过区域试验，在合适的区域发展。

第二，开展野生猕猴桃资源的普查，挖掘优良品系，开展子代鉴定及区域试验，培育新品种。

第三，利用野外资源的种子开展实生播种，从实生群体中选择优良单株，经子代遗传稳定性鉴定及区域试验，培育新品种。

第四，利用收集保存的大量野外资源，开展种内种间杂交，聚合不同亲本的优良性状，从杂交一代或二代中鉴定优良单株，经子代鉴定与区域试验，培育新品种。

上述是目前最常用的育种方法，现有的大量品种基本均是通过上述方法培育而来的。

但由于猕猴桃雌雄异株，优良性状的聚合比较盲目，近十余年，参照其他果树，业界开展了生物技术育种的大量基础研究，涉及重要优异性状基因挖掘、标记开发、遗传转化、基因编辑等技术，特别是分子标记的开发及辅助育种，为重要优异农艺性状的早期鉴定提供了分子工具，且提高了育种的目的性。

## 60. 猕猴桃杂交育种有哪些困难？

不论是种间杂交还是种内杂交，主要存在如下困难。一是猕猴桃是雌雄异株，父本仅开花不结果，父本的选择只能看其生长势及枝、叶、花的性状，而不能看到果实性状，增加了其选择难度，特别是种内杂交；种间杂交时对父本的选择主要依据该父本所属种类的雌株果实的共有性状（种性）来选择，但种间杂交的亲和性受到种类间的亲缘关系影响，亲缘关系越远的种类，杂交亲和性越低。二是猕猴桃的染色体倍性复杂，在猕猴桃属植物种间和种内存在广泛的染色体倍性变异，从二倍体到八倍体，其倍性频率呈现逐步减少的网状分布结构。根据笔者团队前期近十年的研究结果表明，只有相同倍性的亲本杂交，杂交一代才可能会结果，或雄株花粉有活力，如果亲本的染色体倍性不相同，则杂交一代的植株基本上是奇数倍植株，成年后虽然会开花，但雌株不能坐果、雄株花粉不发芽或无花粉。

## 61. 杂交育种时如何选配亲本？

从大量育种资源中，选择合适的资源作为亲本，并需要合理搭配亲本，具体有以下几种方法：①应选择染色体倍性相同的雌雄品种作亲本，因为猕猴桃染色体复杂多样，只有相同倍性的雌雄品种杂交时，杂交后代才会开花结果；②应考虑主要经济性状的遗传规律，对于质量性状，要优先考虑基因型符合要求的亲本，对于数量性状，要根据具体性状的遗传规律进行具体分析，如果是同质结合程度大、遗传力强的劣质特性，则不能选择该资源作为亲本；③应选配在生态地理起源上相距远的父母本，果树杂交育种选配亲本时，既要求亲本在重要经济性状上的育种值高，即有较高的加性效应，又要亲本搭配上亲缘关系较远，至少在生态地理起源上距离较远，这样不同品种类型杂交，有利于在杂种中获得较大的非加性效应。

## 62. 什么是品种保护？

品种保护是指有关机关对经过人工培育的或者对发现并加以开发的新品种，依据条件和程序审查，决定该品种能否被授予品种权的行为。获得品种权的新品种必须是国家植物新品种保护名录范围的种类；是不违反国家法律，不妨害公共利益或者不破坏生态环境的品种；还必须具备新颖性、特异性、一致性和稳定性，并有适当命名。

## 63. 什么是品种审定？

品种审定是指有权威性的专门机构，一般是国家或省级的品种审定委员会，对新选育或新引进的品种是否能推广和在什么范围内推广应用，做出审查决定。品种审定分国家级和省级，不论哪种级别，都要求报审品种必须具备相应的申报条件。如省级品种审定，报审品种需在本省经过3个不同生态区域的区域试验，区域试验面积不少于15亩（包括对照品种），且必须有4~5年结果期生物学特性鉴定数据，并有2年的DUS鉴定报告。如国家品种审定，则要求有3个省的区域试验结果，其他条件与省级品种相同。

## 64. 品种保护和品种审定有何相同点和不同点？

品种保护和品种审定的目标均相同，都是为了促进农业生产的发展，都是针对植物新品种而言的，程序的启动都基于申请人提出申请。两者都是由管理机构按规定程序予以审查，对符合条件的发放证书，在审查过程中，都必须进行一定田间栽培试验。

品种保护和品种审定也有许多不同点。

（1）品种保护的对象既可能是新育成的品种，也可能是对发现的野生植物加以开发所形成的品种；品种审定的对象是新育成的品种或新引进的品种。

（2）品种保护是对在国家保护名录之内，具备新颖性、特异性、一致性、稳定性并有适当命名的植物品种，授予品种权；强调的是新颖性和特异性，只要是商业销售不超过规定的时限，无论外形特征还是品质、抗性，只要明显区别于已有品种，就可能受到保护。而品种审定是对比对照品种有优良的经济性状的新培育品种和引进品种，颁发审定合格证书；强调以产量为主的农艺价值，即该品种的推广价值。

（3）品种保护证书授予的是一种法律保护智力成果的权力证书，

是授予育种者的一种财产独占权；品种审定证书是一种推广许可证书，授予的是该品种可以进入市场（推广应用）的准入证，是一种行政管理措施。

（4）品种保护的受理、审查和授权集中在国家一级进行，由植物新品种保护审批机关负责；品种审定则实行国家与省两级审定，由品种审定委员会负责。

# 七、猕猴桃的形态特征和生长发育习性

## 65. 中华猕猴桃根的形态特征及生长特性如何？

中华猕猴桃的根为肉质根，初为乳白色，后变浅褐色，老根外皮呈灰褐色或黄褐色、黑褐色，内层肉红色。1 年生根的含水量高达 84%～89%，含有淀粉。根的外皮层厚，常呈龟裂状剥落，根皮率 30%～50%，幼苗的根皮率约 70%。

由种子胚根发育而来的根系为实生根系，有主根、侧根，但主根不发达，骨干根少，一般主根在侧根分生并旺盛生长后，即趋于缓慢生长，直至停止。侧根和发达的次生侧根形成簇生性侧根群，并间歇性替代生长，衰亡的根际痕迹呈节状，须根多，呈丛生性特征。

而由扦插、压条或组培等方式而来的根系为茎源根系，中华猕猴桃扦插难以生根，成活的扦插苗相比实生苗，根系分布浅，生理年龄较老，生活力较弱，对环境适应能力较差，寿命较短。因此，生产上主要用美味猕猴桃种子播种的实生苗作砧木嫁接培育嫁接苗。

## 66. 猕猴桃根的结构是怎样的？有哪些作用？

根系生长过程中，主根和粗大的侧根构成根系的骨架，起着支持、固定、输导、贮藏的作用。侧根上较细的根为须根，须根是根系中最活跃的部分，又分为生长根及输导根、吸收根和根毛。

生长根具有较大的分生区，粗壮，生长迅速。生长根无菌根，但也具有吸收作用，生长期较长，可达 3～4 周。经过一定时间后，生长根颜色由白转黄，进而变褐，皮层脱落，变为过渡根，内部形成次生结构，成为输导根。木栓化后的生长根具次生结构，并随生长年龄加大而逐年加粗，成为骨干根或半骨干根。

吸收根为白色新根，长度小于2厘米，粗0.2~1毫米，多数比须根细，结构与生长根相同，但不能木栓化和次生加粗，寿命短，一般只有15~20天，更新较快。其主要功能是从土壤中吸收水分和矿质营养，并将其转化为有机物。吸收根具有高度的生理活性，也是激素的重要合成部位，与地上部的生长发育和器官分化关系密切。吸收根的数量远多于生长根。

根毛为生长根和吸收根的表皮细胞向外突起的管状结构，是根系吸收养分和水分的重要器官。根毛寿命较短，一般几天至几周即随吸收根的死亡和生长根的木栓化而死亡。

## 67. 猕猴桃根系分布多深？

猕猴桃根系的分布受土壤质地、土壤水分、砧穗组合、田间管理技术等多方面影响。在土质疏松、土层深厚、表层土壤较贫瘠且轻度缺水的环境中，根系分布深而广；而在质地黏重、表层土壤肥沃、熟土层浅及表层水分充足的环境中，根系分布浅而窄。在人工栽培条件下，根系多分布在1米以内的土层中，集中分布在0~60厘米深的范围内，其水平分布范围超过枝蔓生长的范围。在土层疏松、肥厚、湿润的地方，其根系庞大，须根稠密。在土壤管理较好的果园中，根系主要集中分布在地表以下20~50厘米内（彩图16），因此，耕作层和树盘管理至关重要。在栽培过程中，如果将肥料施到根系主要分布区更深或更远的区域，可诱根深入，增加更深层次或更远区域土壤的根系量，有利于扩大树体吸收养分的范围，提高其对外界逆境的抵抗能力。

## 68. 猕猴桃的芽有哪些种类？

猕猴桃芽是由枝、叶、花的原始体和生长点、过渡叶、苞片、鳞片构成的，根据芽的性质和构造，冬芽包括叶芽和花芽。叶芽仅包含叶原基，芽体较小，萌发后只长新梢；而花芽是混合芽，包括叶原基和花原基，芽体肥大饱满，先端钝圆，芽鳞较紧，萌发后先形成新梢，新梢生长至5厘米左右，在中、下部的叶腋间形成花蕾，随新梢生长不断膨大，开花结果。美味猕猴桃和中华猕猴桃的冬芽形态有差异，前者芽垫较后者大，但芽的萌发口较小，这也是休眠期区别两者枝条或苗木的重要特征。

根据芽在枝条上着生部位，可将芽分为顶芽和侧芽。枝条顶端的芽为顶芽，枝条侧边叶腋中的芽为侧芽，又叫腋芽。在猕猴桃上，新梢有自枯现象，没有真正的顶芽，顶部大多是假顶芽，实际为腋芽。通常1个叶腋间有1～3个芽，中间较大的为主芽，两边为副芽，一般情况下副芽不萌发，只有当主芽受伤或枝梢重剪情况下，副芽才会萌发。

根据芽着生的方位，可将芽分为上位芽、斜生芽、平生芽和下位芽，这是因为猕猴桃是藤本植物，枝蔓出现多种方式着生，导致枝蔓上的芽朝向多个方位生长。朝天生长的芽称为上位芽、朝地生长的芽称为下位芽、斜向上生长的芽称为斜生芽、水平生长的芽称为平生芽。不同方位生长的芽其萌发率有较大的差异，国家猕猴桃种质资源圃对44个猕猴桃品种的调查研究表明，上位芽的萌发率最高，达52.12%～86.70%；下位芽的萌发率最低，仅26.23%～71.75%；另两种芽萌发率居中。

## 69. 猕猴桃芽有哪些特性？

猕猴桃芽具有以下4个特性。

**（1）异质性。**同一枝条不同部位的芽由于其营养状况、激素供应等不同造成了其在质量上的差异，称为芽的异质性。一般枝条基部和顶部的芽质量较差，而中部的芽质量最高。中庸健壮枝的芽质量高，芽苞饱满，萌发整齐，且大多是花芽；而徒长枝的芽质量差，芽体小、空瘪，萌发不整齐，且大多是叶芽。

**（2）早熟性。**指猕猴桃生长季节新梢各部位萌发的芽，在受到如摘心、重剪或顶部下垂等刺激时，剪口附近或朝天生长的芽即萌发形成二次梢、三次梢（彩图17）。南方气候温暖地区的芽1年能发3次以上，北方天气寒冷，芽1年萌发次数少，一般1～2次。因此，其生长成形快，进入结果期早，如定植嫁接苗，在加强肥水管理和夏季多次摘心情况下，当年可培养上架，并形成"一干两蔓多侧蔓"树形，翌年就可开花结果。

（3）**具有较高的成枝力**。果树的芽均能萌发抽枝，萌发的芽数占树体总芽数的百分率称为萌芽率，萌发后形成枝条的芽数占总萌发芽数的百分率称为成枝力。猕猴桃芽的萌芽率因种类、品种而异，且相差较大，如中华/美味猕猴桃萌芽率大多为 40%～90%，二倍体品种的萌芽率显著高于四倍体中华猕猴桃和六倍体美味猕猴桃，而四倍体中华猕猴桃和六倍体美味猕猴桃的萌芽率相差不大。但芽的成枝力均较高，大多在 85% 以上，即芽只要萌发，基本能形成枝条。

（4）**潜伏力**。主要指枝条的基部新月形芽鳞痕内均含有一个分化弱的叶原基，从枝条外部看不到它的形态，呈潜伏状态，称为隐芽。这些隐芽在强刺激（如回缩、重短截修剪等）作用下或树体衰老情况下，会萌发新梢。猕猴桃的隐芽寿命比较长，萌发力比较强，易于更新复壮，在生产中可利用这一特性恢复树势。

## 70. 休眠期猕猴桃树体构造是怎样的？

生产上猕猴桃有多种树形，但不论哪种树形，树体基本架构是固定的。猕猴桃树落叶后进入休眠期，其架构一目了然。一般分根系（地下部分）、主干、主蔓（枝）和结果母蔓（枝），根系是地下部分；主干指从根颈开始至两蔓分叉部位的主茎部分，主要起支撑树体和输导作用；主蔓是指着生于主干上的大枝干，是着生结果母枝的部位，是树体第二级骨架；结果母枝是主蔓上分生出的健壮枝条，是用于翌年着生结果枝的部位，每年选择当年春季或早夏季新梢进行更新。不同树形，有些细微差异。如"一干两（单）蔓多侧蔓"树形，其主干、主蔓（枝）、结果母蔓（枝）三级均有，且是单主干、两主蔓或单主蔓、6～10 个侧蔓；而"圆头形"或"开心形"树形，大多是单主干、多主蔓（枝）树形，或直接从单主干上向四周培养结果母蔓（枝），特别是密植果园，很容易形成这种树形；而对于稀植果园，也会在主蔓上继续培养出副主蔓，即形成主干、主蔓（枝）、副主蔓（枝）和结果母蔓（枝）四级结构，除结果母蔓每年更新外，其他结构均较固定。

## 71. 猕猴桃枝条有哪些类型？

根据新梢抽生时间可将猕猴桃枝条分为春梢、夏梢、秋梢、冬梢（南方省份），春梢是由树体冬芽进入春季后萌发的第一批枝条，当立春过后气温回升至 10℃ 以上，冬芽开始萌动抽梢，主要消耗上年树体积累的营养；夏梢多是枝条第二次生长高峰时抽发的新梢，发生在6 月前后；秋梢多发生在过旺植株上，或坐果量偏少、提前落叶的情况下，一般在 8 月以后，生产中要尽量避免秋梢的萌发，以节约树体养分，提高果实品质。

根据枝条的功能性质可以将其分为结果枝和营养枝，营养枝是只有叶片而没有花（序）的新梢，一般是由结果母枝基部叶芽或主干、主蔓上的大剪口附近隐芽萌发而来，依据生长势强弱可分为 3 种。一是发育枝：芽体饱满，生长健壮，节间适中，是构成树冠和下年抽生结果枝的主要枝条；二是徒长枝：多由休眠芽或大剪口附近的潜伏芽萌发而成，生长直立，长而粗，节间变长，芽体瘦小；三是衰弱枝：节间极短，叶序排列呈丛状，腋芽不明显，衰弱短枝是从树冠内部或由下位芽萌发而来的，生长短小细弱，易自行枯死。结果枝是开花结果的枝条，一般从结果母枝的中、上部和短缩枝的上部萌发。根据枝条的发育程度和长度，结果枝可分为徒长性结果枝（150 厘米以上）、长果枝（60～150 厘米）、中果枝（30～60 厘米）、短果枝（5～30 厘米)和短缩果枝（小于 5 厘米)（彩图 18）。

## 72. 猕猴桃枝梢的特点有哪些？

猕猴桃枝梢具有以下特点。

**(1) 背地性。** 背向地面的芽，抽发的枝条生长旺盛，容易徒长；斜向上生长或水平生长的枝条健壮充实，芽苞饱满，是翌年结果母枝的主要来源；面向地面的芽抽发枝条生长衰弱，甚至不发芽。

**(2) 缠绕性。** 当枝条生长到一定长度，因先端组织幼嫩不能直立，靠枝条先端的缠绕能力，随着生长自动缠绕在其他物体上或互相缠绕在一起。值得注意的是，猕猴桃虽属蔓生性植物，但并不是整个枝条都具有攀缘性，其生长初期都具有直立性，先端只是由于自重的增加而弯曲下垂，并不攀缘，旺盛生长的枝或徒长枝在生长后期，由于营养不良，先端才出现攀缘性。

（3）**自剪现象**。枝条生长后期顶端会自行枯死的现象，称自剪现象（彩图 19）。枝梢自剪期的早晚与枝梢生长状况的好坏密切相关，生长弱的枝条自剪期早，生长势强的枝条直到生长停止时才出现自剪，这种自剪现象的发生还与光照不足有关。枝条自然更新能力很强，在树冠内部或营养不良部位生长的枝条，一般 3～4 年就会自行枯死，并被其下方提前抽出的强势枝逐步取代，如此继续下去，实现自然更新。

## 73. 猕猴桃叶的形态特征有哪些？一般留多少叶片合适？

猕猴桃的叶片形状因品种的不同而有较大差异，有圆形、椭圆形、扁圆形、心形、倒卵形、卵形、扇形等。大多单叶互生，叶片大而较薄，呈膜质、纸质或厚纸质、革质等，因品种或种类不同而不同。叶片正面黄绿色至深绿色，光滑或有短毛被；叶片背面颜色较浅，光滑或有毛被，毛被类型也因种类或品种不同而不同。

叶面积指数是指单位面积上植株叶面积总和与土地面积的比值。叶面积指数是衡量叶片数量的指标，是树冠光合效率的基础。猕猴桃适合的叶面积指数为 2～3，指数太高，叶片过多造成相互郁闭，功能叶比例降低，果实品质下降；指数太低，光合产物总量减少，产量降低。叶面积指数在发芽后逐渐增加，夏季达到最大值，如果管理不好，短时间就会迅速下降。

## 74. 猕猴桃叶片从展叶到成叶需要多少天？

单片叶的叶面积增长速度开始很慢，以后迅速加快，当达到一定叶面积值后又逐渐变慢，从展叶至停止生长所需天数为 20～50 天。

叶片展开后即发生光合作用，但因呼吸速率高而使其净光合速率往往为负值，此后随叶面积增大其净光和速率逐渐增高，当叶面积达到最大时，净光和速率最大，并维持一段时间。后随着叶片的衰老和温度下降，净光和速率也逐渐下降，直至落叶休眠。同一品种叶片的大小取决于叶片在迅速生长期内生长速率的大小，生长速率大则叶片大，否则就小。因此在叶片迅速生长期合理施肥和灌溉是必要的。

## 75. 何为花芽分化？猕猴桃花芽分化的特点有哪些？

由叶芽的生理和组织状态转化为花芽的生理和组织状态，称为花芽分化。当芽内出现花器官，即称为花的形态分化；在此之前称为生理分化，猕猴桃一般在上年6—8月开始，芽轴生长点由营养生长转向形成花芽的生理状态，主要是以成花基因的启动为特点的变化过程，生长点内进行着由营养生长向生殖生长的一系列的生理生化转变。成花基因启动后引起一系列有丝分裂等特殊发育活动，继而生长点内分化出花器原始体。在萌芽前10天左右开始，花器各部分原基陆续分化和生长，进一步发育构成完整的花器，至开花前2天完成花的形态分化。

花芽分化过程中的生理分化期也称为花芽分化临界期，主要是因为这个阶段生长点内生理生化状态极不稳定，代谢方式易于转变，营养充足、条件适宜即可分化成花芽，否则即转化为叶芽。猕猴桃果实采收前后是花芽生理分化的临界期，此期是调控花芽分化的关键时期。而花芽分化过程中的形态分化期也受外界条件影响，当萌芽至开花前这段时间长期低温阴雨，则影响花芽形态分化速度，且形成花芽的时间不整齐，导致开花期延长，少则7~8天，多则半个月。

## 76. 促进猕猴桃花芽生理分化的栽培措施有哪些？

为了促进多形成花，确保当年产量的同时，保证翌年产量，花芽生理分化期的科学管理非常重要，具体有如下栽培措施：①按科学的叶果比疏花疏果，如红阳的叶果比以（5~6）：1较好，金艳的叶果比以（3~5）：1较好，不能过多结果，结果过多，过度消耗树体养分，不利于花芽生理分化，结果过少，枝梢旺长，也会影响花芽生理分化；②在花芽生理分化的关键时期，及时进行夏季修剪，调整枝叶分布，清除郁闭枝叶，使保留的枝叶接收光照情况良好；③谢花坐果50天以后，健康树不施氮肥、多施磷钾肥，有利于花芽生理分化；④果实生长后期适度干旱既有利于果实糖分积累，也有利于花芽分化；⑤秋冬季节树体营养积累直接影响翌年花芽质量，采果后及时补充氮肥和重施基肥,增加树体贮藏营养水平,可满足花芽形态分化期所需要的氨基酸。

## 77. 猕猴桃花芽形态分化期有哪些栽培措施?

(1)**保证适宜的气温。**过低的温度会造成对花的伤害,特别是开花前20天左右如遇突然降温的倒春寒天气或长时间低温阴雨,会严重影响花芽质量,延长花期,导致坐果率降低;不适当的高温特别是春季升温过快同样会使花器官发育不良。因此,在形态分化期,要时刻关注天气预报,在恶劣天气来临前做好预防措施。如预防倒春寒时,园区可熏烟、搭建保护棚;遇高温时,则可以喷水降温等。

(2)**确保充足的营养水平。**入冬前施足基肥,确保树体贮藏大量的矿质营养和碳水化合物,有利于花的形态分化。对弱树或未施基肥的果园,可通过萌芽前、蕾膨大期施氮肥或高氮复合肥,补充营养,促进花芽形态分化。

(3)**做好水分管理。**萌芽前如遇气候干旱,则需及时灌透水;从萌芽至开花前这段时间需要长期保证土壤湿润,保证田间含水量在65%~80%。但如遇花期阴雨,则需要及时排水,防止根系受害,影响营养的吸收与传送,从而影响花芽形态分化和花期的整齐性。

(4)**用化学方法促进花芽形态分化。**这主要是针对南方冬季暖和的地区,或者某些产区遇冬季暖和的年份,在萌芽前的一个月左右,全树喷施单氰胺50%水剂30~40倍液,有利于促进成花和花期整齐(彩图20)。

## 78. 猕猴桃花芽分化受哪些气象因素影响?

猕猴桃花芽分化主要受以下气象因素影响。

(1)**光照。**光是花芽形成的必需条件,遮光会导致花芽分化率降低。光照强度影响花芽分化的原因可能是光影响光合产物的合成与分配,弱光导致根的活性降低,影响细胞分裂素(CTK)的供应,而强光影响新梢生长素(IAA)的生物合成。不同光质对花芽形成也有影响,紫外线抑制新梢生长,钝化和分解生长素,诱发乙烯产生,促进花芽形成。

(2)**温度。**温度影响猕猴桃植株的新陈代谢,如光合作用、呼吸作用、营养吸收和激素变化等，当然也会影响花芽分化。在我国，大多数品种的花芽生理分化开始于气温较高的 6—8 月，在高温来临早于常年时，花芽分化开始的时间也早。生理分化期以 20℃左右的温度有利，但冬季也需要足够的低温（0～7℃）积累以打破休眠，中华/美味猕猴桃一般要求有 600～1 600 小时的低温积累时间，不同品种差异较大，一般二倍体品种或以毛花猕猴桃为亲本的杂交后代品种需冷量低。在南方一些新发展区，因冬季 0～7℃低温积累不足，导致花芽分化不整齐，花期比北方产区延长 5～10 天，且花量大大减少。因此，对猕猴桃而言，在南方冬季暖和的地区，宜选择需冷量低的品种发展，或利用本地的野生资源培育适于当地的品种。

（3）水分。在花芽分化临界期，适度的水分胁迫可以促进花芽分化，抑制新梢旺长；而在花芽形态分化期（即春季萌发抽梢阶段）灌水有利花器的发育。临界期适度干旱使营养生长受抑制，糖分易于积累，精氨酸增多，生长素（IAA）、赤霉素（GA）含量下降，脱落酸（ABA）和细胞分裂素（CTK）相对增多，有利于花原基的转化；但过度干旱会影响根系对营养物质的吸收，同样不利于花原基的形成。

## 79. 猕猴桃雌花和雄花的构造有何区别？

猕猴桃是功能性的雌雄异株植物，从形态上看，雌花、雄花都是两性花，均由花萼、花瓣、雄蕊、雌蕊和子房组成，各部分数量的多少因猕猴桃种类、品种而异。但雌花子房正常、花粉败育，而雄花子房退化、花粉正常，因而分别形成功能性的雌花或雄花（彩图 21）。

## 80. 猕猴桃开花与气温有何关系？

猕猴桃的花从现蕾到开花需要 25～40 天。雄花的开放时间较长，为 5～8 天，雌花为 3～5 天。而全株开放时间，雌株 5～7 天，雄株 7～20 天。当开花期遇晴天、高温时，开花时间缩短；反之，阴天、低温、高湿时，开花时间延长。花开放的时间多集中在早晨和上午，上午 11 时以后开放的花朵极少。

开花顺序为：从单株来看，向阳部位的花先开；同一枝条，下部的花先开；同一花序，顶生花先开，两侧花后开。

## 81. 猕猴桃授粉受精和温湿度的关系如何？

首先，自然界中雄花产生的花粉通过昆虫、微风等传到雌花柱头上，因此，授粉效果与开花时的天气状况密切相关，风和日丽的天气有利于传粉，而低温阴雨的天气不利于传粉。因为低温影响授粉昆虫的活动，一般蜜蜂活动要求 15℃以上的温度。花期大风（17 米/秒以上）不利于昆虫活动，也不利于花粉飘到柱头上；干风或浮尘使柱头干燥，不利于花粉附着和发芽；阴雨潮湿不利于传粉，花粉很快失去活力。

其次，气温可影响花粉发芽和花粉管伸长，猕猴桃花粉萌发的最适温度在 20～25℃，低温萌发慢。温度也影响花粉通过花柱到达子房的时间，温度不足，花粉管伸长慢，到达胚囊前，胚囊已失去受精能力。如花期遇到过低温度，还会使胚囊和花粉受到伤害。

最后，若花期遇长时间的低温，开花会变慢而叶片生长快，叶片首先消耗了贮藏营养，不利于胚囊的发育和受精。

## 82. 猕猴桃果实的构造是怎样的？

猕猴桃的果实为浆果，子房上位，由 34～35 个心皮构成，每一心皮具有 11～45 个胚珠。胚珠着生在中轴胎座上，一般形成两排。最外层为外果皮，即表皮，被茸毛、硬刺毛或无毛，可食部分为中果皮、内果皮和中轴胎座（果心）。除软枣猕猴桃及其变种、狗枣猕猴桃等少数类型的表皮可食外，其余猕猴桃种类的表皮均不可食用。

## 83. 猕猴桃果实的生长规律是怎样的？

谢花坐果后，猕猴桃果实即进入迅速膨大期，果实体积增长与重量增长基本同步，其增长的原因主要是果实细胞的分裂与膨大。细胞分裂一般有两个时期，即花前子房期和花后幼果期。子房细胞分裂一般在开花时停止，受精后再次迅速分裂。猕猴桃果实受精之后果肉细胞分裂持续 3～4 周后停止，中柱细胞分裂则能延长到 8～9 周，但分裂速度变慢。

细胞分裂之后体积膨大，在一个果实内这两个过程在时间上有交叉，果实细胞膨大的倍数常达数百倍之多，且果实细胞膨大常表现为等径膨大。细胞的数目和大小是决定果实最终体积和重量的两个重要因素，但在不同情况下，两因素的作用并不相同。例如同一株树上的大果比小果的细胞数目多，在细胞分裂初期或中期进行疏果使细胞数目增加，有时细胞体积也相应增加；在细胞分裂末期进行疏果只能增加细胞体积。因此，疏果应尽早进行，达到同时增加细胞数量和体积的效果。

猕猴桃果实的纵、横、侧径和鲜重的增长曲线呈现双 S 形，谢花后 60 天内（特别是谢花后 30 天内）是果实体积和鲜重快速增长阶段，主要是细胞分裂和细胞增大，水分增加特别多，6 月底至 7 月初，果实大小达到了成熟大小的 80% 左右，鲜重达到成熟时的 70%～75%。果实中淀粉的积累则是从谢花后 60 天左右开始，至谢花后 130（早熟品种）～150 天（中晚熟品种）达到最大值，此时果实中淀粉含量远高于总糖和还原糖。随后，淀粉开始水解转化为糖，淀粉含量迅速下降。而可溶性固形物含量和总糖含量在谢花后 90 天内较稳定，保持在 5% 以内，以后缓慢增加。当可溶性固形物含量达到 6% 以后，可溶性固形物和总糖迅速增加，与淀粉的变化相反。根据常温贮藏试验，总糖和可溶性固形物含量迅速上升期是果实采收的最佳时期。

整个生育期果实干重持续增加，特别在成熟后期，鲜重停止增长后，干重的百分比仍在迅速增加，说明这时期还有干物质不断往果实中运输并大量积累，此时是果实品质形成的重要阶段。但果实的干物质含量达到最大值后，果实重量不再增加。因此，果实必须在干物质含量达到最大值前完成采收，否则后期重量减轻。通过对国家猕猴桃种质资源圃多个品种的监测表明，不同品种的果实最大干物质含量差异较大，因此应针对每个品种找到其最佳的采收时干物质含量（即成熟度指标），结合果实可溶性固形物含量和硬度值，并根据市场需求制定采收和保鲜方案。

## 84. 猕猴桃果实中果肉成分在成熟期如何变化？

在果实成熟期，淀粉迅速转化为糖，可溶性固形物含量迅速上升；果胶开始溶解，细胞壁软化，果实硬度逐渐下降；对于黄肉品种，叶绿素逐渐降解，而类胡萝卜素、叶黄素等的黄色逐渐显露，果肉颜色褪绿转黄；最终，果实达到固有的风味、香气和色泽。

## 85. 猕猴桃种子的生长发育是如何进行的？

猕猴桃种子数量多而小，位于胎座周围。种子发育开始于受精之后，经过 60 天左右，此时珠心发育到最大程度，随后胚乳和珠心内层发育完全。与其他果树不同的是，当其胚乳和珠心迅速生长时，胚却仍停留在双细胞阶段。直到花后 60 天，双细胞的胚才进行分裂形成珠心胚，然后迅速发育。种子在果实的缓慢生长阶段逐渐充实，种皮渐硬，由白色转为淡褐色，果实逐渐进入成熟期。

## 86. 猕猴桃树坐果年限有多久？

猕猴桃树的更新能力强，结果寿命长。在正常营养水平供给的条件下，猕猴桃树的坐果年限在 50 年以上，有的甚至会更长，如浙江黄岩大魏头村的 1 株 100 多年生猕猴桃树仍可年产 100 千克以上果实。新西兰 20 世纪 30 至 40 年代建的猕猴桃果园，其中有的果树仍在经济结果期。

## 87. 猕猴桃幼树可以结果吗？

猕猴桃幼树可以坐果，即树体骨架形成与坐果可以同时进行，控制合理的负载量即可。

# 八、猕猴桃苗木概述

## 88. 猕猴桃苗木有哪些类型及特点？

根据繁殖方法，猕猴桃苗木可分为实生苗、扦插苗、嫁接苗和组培苗，其各自特点如下。

**（1）实生苗。**由猕猴桃种子播种后直接长成的苗木，一般选择抗性较好的美味猕猴桃或野生猕猴桃种子。因为猕猴桃雌雄异株，种子是天然杂交种子，因此其播种得到的实生苗有一半以上是雄株，各小苗的枝叶性状虽极相近，但其果实性状差异大，生产上主要用作砧木。实生苗具有抗性强、长势旺的特性，一般在苗圃生长 1 年即可嫁接；在南方部分区域生长快，播种当年 6 月就可嫁接，肥水管理好，当年冬季即可出圃，实现三当育苗（当年播种，当年嫁接，当年出圃）。

**（2）扦插苗。**指采用猕猴桃品种上的一段枝或根插入基质中，使其发根发芽形成的独立新植株为扦插苗。扦插苗可以很好地保留母本品种的生长特性，且培育年限短，一般苗圃扦插培养 1 年即可进行大田栽培。但中华猕猴桃或美味猕猴桃品种扦插生根率极低，即使采用生根剂处理，也仅少部分品种能生根，如米良 1 号；同时扦插苗的根系来自该品种自身，其抗性根据品种特性而不同，对于生长势弱或抗性较差的品种，如果采用扦插苗建园，则会增加果园管理难度，因此生产上一般不采用。软枣猕猴桃、狗枣猕猴桃、葛枣猕猴桃、对萼猕猴桃及大籽猕猴桃等净果组类根系实心，扦插容易生根，生产上应用较多。

**（3）嫁接苗。**是目前生产上中华猕猴桃、美味猕猴桃品种苗多数采用的苗木培养方式，嫁接品种的接穗部分因是采用成年果园的冬季枝上的芽苞，常在嫁接当年就会开花，特别是雄性品种，但为了让苗木充分成长，当年花蕾均必须摘除。嫁接苗培育时间较长，即培育砧木苗1年，冬季嫁接后再培养1年，累计2年才能出圃。对于弱小的砧木苗，需先培养2年，才能嫁接，则共计需要3年才能出圃。

（4）**组培苗**。基于植物细胞全能性，利用外植体在无菌和适宜的温湿度、营养条件下培育的完整植株。保留了母本的特性，可随时养，不受时间限制，但培养和管护条件较为苛刻，培养周期较长，成本较高。其培养过程中增殖系数高、繁殖速度快和种苗易脱毒等优势，可以加速品种更新换代，促进无病毒苗的培育，对生根容易的软枣猕猴桃等奇异莓品种适于采用。同时，组培苗可实现室内立体培养，有效利用空间，集约化生产模式下不受自然环境中季节和恶劣天气的影响，故能最大限度发挥人力、物力和财力的作用，取得很高的生产效率。但中华猕猴桃和美味猕猴桃生根难，且童期较长，生产上较少采用该种苗木培养方式。

## 89. 健壮苗的标准有哪些？

苗木是否健壮或其健壮程度直接关系到猕猴桃园到达丰产的年限甚至成败，因此，在建园栽苗时需要选择健壮的苗木，其标准如下：根系发达，大的分根3条及以上，基部粗度0.4厘米及以上，长度20厘米及以上；实生苗根颈以上5厘米处粗度不小于0.8厘米，嫁接苗嫁接口以上5厘米处粗度不小于0.8厘米；根系、枝条无新伤，旧损伤面积不超过2厘米$^2$；枝条木质化程度高；整株不携带检疫性病虫害等。

## 90. 营养钵苗和裸根苗有哪些优缺点？

营养钵苗采用疏松肥沃的基质培养，前期长势旺，除温度特别高的夏季不适合栽植外，其余季节随时可以出圃，管理正常情况下，百分百成活。但其缺点是单位面积培育的苗木数量少，基质要求高，增加培育成本；此外因是带基质苗木，运输较困难，增加运输成本。对于就近发展的猕猴桃，营养钵苗是首选。

裸根苗是指种子播种或嫁接后，直接定植在土壤里，必须冬季落叶后才能出圃，出圃时不带土。因其直接定植在土壤里，单位面积培育的苗木数量大大增加，管理相对容易，育苗成本降低。此外，因其不带土，运输成本也降低。但为确保成活率和长势，裸根苗只能在休眠期进行大规模出圃和栽培，应用季节受限。

# 九、猕猴桃实生苗和扦插苗繁殖

## 91. 如何选择用于采种的母树？

采种母树应是生长健壮、无检疫性病虫害、品种纯正的成年树，采种时要求果实充分成熟。一般用美味猕猴桃品种，如米良1号、布鲁诺等，或产区当地生长强旺的成年野生中华猕猴桃树和美味猕猴桃树。

## 92. 种子如何清洗和贮藏？

采回果实后，放阴凉处软熟，将健康软熟果实先捣碎，置于细筛或纱布袋中，放入水中冲洗干净，去除果肉，清除果浆和碎果皮，然后将初选出的种子和残渣再次淘洗，彻底漂出杂质和空粒，将沉下的种子洗净，用纱布滤干后放在室内摊薄晾干，或放在通风干燥处阴干，切忌阳光曝晒。注意取种用的果实不能堆沤腐烂，应立即清洗，腐烂的果实长期堆放，种子处在高温酸化的环境中时间过长，就失去活力，播种后发芽率极低，且发芽不整齐。

收集到的种子要求净度达到95％以上，含水量达到10％～15％，发芽率达65％以上，种子千粒重1.2克以上。阴干后的种子用塑料袋封袋后放入4℃低温下贮藏备用。

## 93. 播种前如何处理种子？

为了提高种子的发芽率和发芽整齐度，在播种前需要对收集的种子进行处理，尽快打破休眠，可用以下方法。

**(1) 层积处理。**将阴干的种子与5～10倍体积的清洁细河沙（用

0.2%的高锰酸钾消毒）充分拌匀，细河沙湿度以"手捏成团，松开即散"为宜，沙的含水量约为 20%。根据种子数量选用木箱、花盆或纤维袋存放，可直接放入 4℃的环境中保存，防止鼠害。如无冷藏条件，可将存放种子的容器埋在室外 40～60 厘米深的土中，土面上盖遮雨设施，防止过多雨水渗入和鼠害。沙藏层积时间要根据当地的气候条件而定，一般 30～120 天。南方地区较短，以 50～60 天为宜；北方地区较长，以约 100 天较佳。开始沙藏时间根据播种时间倒推计算。对层积的种子要经常检查种子发芽情况，在种皮破裂露白、刚见胚根时播种最适宜。

种子在沙藏前用 50～70℃温水浸泡 2 小时，或用细沙揉擦种子数分钟，以破坏种皮上的油质物，能提高发芽率和发芽整齐度，且可提前 5 天发芽。

**(2) 变温处理。**先将种子放在低温（4～5℃）下 12 天以上，然后按白天 20℃（要求时长 16 小时）、晚间 10℃（要求时长 8 小时）的交替变温处理，持续 2～3 周。

除贮藏种子外，也可以直接沙藏果实，即将采回的充分成熟果实用湿沙层积，一层沙一层果实，堆放多层，最后盖上细沙，贮藏中定期喷水使表层沙湿润保湿。播种前直接洗种，拌细沙直接播种，其发芽率、成苗率均比较高。

## 94. 播种圃对土壤和地形的要求有哪些？如何整地？

要求播种圃的地块背风向阳、排灌方便，且平整，土壤 pH 5.5～6.8，以沙壤土最佳。

播种圃的准备如下：在秋冬季节，按每亩 500～1 500 千克优质土杂肥（堆肥）或者 3 000 千克充分腐熟的牛、马、猪粪或厩肥，100 千克过磷酸钙的标准准备，并将肥料撒在土壤表层，再将土壤深翻 20～30 厘米，将肥料与土充分拌匀，整细压平；土壤较为黏重的地块可以添加适量草炭土改善土壤通透性；之后用多菌灵、敌磺钠等类似杀虫杀菌剂对土壤消毒，最后开厢起垄做高畦苗床，苗床规格为宽约 1 米、高 20～30 厘米（少雨地区可降低床高，以利保水保湿），要求土壤细碎，拣尽杂草碎石，同时耙平床面，待春季温度适宜进行播种。

## 95. 撒播与条播有哪些不同？

**（1）条播。**采取横幅宽窄行或顺行条播，行距以 15～20 厘米为宜，播种沟深 2～3 厘米，播种后覆盖一层过筛细黄土，后期不用移栽，仅对过密苗木间除移栽即可。

**（2）撒播。**将种子均匀撒在畦面上，等萌芽长出真叶后再移栽。

不论条播还是撒播，播种前需将经层积处理的种子用 50 毫克/升赤霉素浸泡 20 小时，然后取出晾干，再用干燥纯净的细河沙（或细黄土）拌匀，备用；然后在播种床畦面上均匀浇透一层极稀薄粪水或清水，土壤表层 20 厘米内均湿透后即可播种；播后用 2～3 毫米厚的过筛细黄土或腐殖质土覆盖种子，其上盖地膜，地膜上盖一层稻草或茅草确保温度起伏正常。

## 96. 如何确定播种量？

猕猴桃种子小，每千克种子约 76 万粒，按种子的平均发芽率20%计，则每千克种子可出苗约 15 万株。在生产实践中，受播种方法、种子质量及外界条件的影响，种子出苗率常远比发芽率低。因此，为保证出足够的壮苗，条播的播种量以每平方米 5 克左右为宜，撒播的播种量为每亩 2～2.6 千克。

为了更准确掌握播种量，节约用种与用地，播种前可对种子进行发芽试验，计算发芽率：发芽率＝发芽的种子数/供试种子数×100%。

## 97. 播种后苗圃地管理有哪些措施？

播种后苗圃地管理主要是荫棚栽植和水分管理。

**（1）喷水保湿。**出苗期应经常关注苗床的湿度，如果畦面干燥，可每周喷雾化水 1～2 次，慢慢喷透。同时避免湿度过大而导致刚出土幼苗得立枯病。

**（2）揭覆盖物。**播种后约 20 天，即发芽出土，此时应揭除稻草或茅草，拱起地膜成小棚。随着气温回升，加强拱棚内温湿度管理。白天揭开拱棚两端通风降温，防止棚内温度过高；阴天可揭除地膜透气。

（3）**遮阴**。当幼苗基本出齐后，以自然地块为单元，用水泥柱、钢丝、遮阳网搭建荫棚并撤掉拱棚薄膜，或者直接将薄膜更换成遮阳网，荫棚的遮阳网要求遮光率75%左右，使棚下有"花花阳光"，四周用遮阳网围挡。荫棚管理要求白天盖，傍晚揭；晴天盖，阴天揭；大雨盖，小雨揭。保证幼苗正常生长。

（4）**施肥**。幼苗基本出齐后，在长出真叶后10天左右喷施稀薄肥水，可直接用尿素，浓度控制在0.1%以下。

（5）**间苗移栽**。针对条播，另行整理出苗圃地，要求同播种圃，当过密的小苗有3片以上真叶时，带土取出移栽，确保余下的幼苗生长健壮。

## 98. 幼苗移栽及栽后管理措施有哪些？

对于撒播幼苗，当幼苗长出3片以上真叶时，要求重新移栽。以幼苗长出3～5片真叶最佳，过晚移栽，幼苗的主茎过长，叶片过多，水分散失快，移栽成活率降低；过早移栽，苗太小，不利于操作，影响成活。

**（1）移栽前准备。**

①准备移栽苗圃地。选地原则同播种圃，土壤每亩施入氮磷钾复合肥120千克左右、腐熟的农家肥1 000千克左右，实际用量以土壤肥力情况做适当调整，将肥料撒在地表，深翻30厘米，将肥料与土壤充分拌匀，并按播种床的消毒方法消毒；然后整成高畦，要求土壤细碎，畦面平整；畦间留有30厘米宽的操作道。在畦上按行距15～20厘米挖栽苗沟，沟深8～10厘米，沟中撒一层经过消毒的5厘米厚的草炭土，备用。

②移栽前播种苗床处理。在移苗前约10天，撤除荫棚周边的遮阳网，于阴天揭开荫棚炼苗；移栽前2～4天对苗床灌透水或在雨后进行移栽，便于带土起苗，减少幼苗根系损伤。

**（2）移栽**。栽苗宜选择在晴天傍晚或阴天进行，移栽时要求边起苗、边定植、边遮阴（如果是搭大型荫棚，可在移栽前搭建更好），栽后立即用喷雾的方式浇透水。在前期准备的栽苗沟中将草炭土和原土混匀，按株距10～12厘米栽小苗（彩图22）。

（3）移栽后管理。

①保湿。遇干旱及时浇水，特别是刚移栽的小苗，移栽苗前期浇水均需采用喷洒方式。同时在苗圃行间覆盖碎的粗质肥料如谷壳、松针或锯木屑等以保湿、防杂草。

②追肥。宜勤施薄施，当移栽苗新长出2～3片叶时，开始追肥，可用0.1%～0.3%的尿素水或极稀薄的农家粪水或沼液，浓度可缓慢提高，15天左右施用一次，至7月以后，应加施速效磷钾肥，或施用农家粪水、沼液等有机肥水，以利于苗木木质化。

③中耕除草。根据土壤情况及时疏松土壤，清除杂草。中耕时尽量少伤根系。

④荫棚管理。移栽后遮阳网的透光率以50%左右为宜，等幼苗成活后，荫棚管理可采取白天盖，晚上揭；等到幼苗长至30厘米高以上、苗干完全木质化时可全部拆除，光照强的区域可以根据具体情况调整拆除时间，促使新梢生长健壮。如果选择的苗圃地本身阴凉光照不足，可不用遮阴。

⑤摘心。播种苗一般用作砧木，主要是尽快让主茎长粗壮。因此，在幼苗长至约50厘米高时，予以捏尖，并及时抹除离地面20厘米以内的茎干萌芽，对其余部位的萌发分枝在约15厘米长时采取多次摘心，促进根系扩展、主干增粗。

## 99. 播种圃常见病虫害有哪些？如何防治？

播种圃常见病害主要有立枯病、疫霉病，发生条件与症状相似，主要在高温高湿条件下发生，或者栽苗基质被有害微生物污染时发生，主要危害刚出土至株高20厘米左右的幼苗，茎基部开始呈水渍状，后期颜色加深变黑，缢缩腐烂，上部叶片萎蔫或呈白色凋枯。

防治方法：首先是预防，做好苗床消毒；其次是早发现早治疗，当发现病害时，及时拔除病苗，如果是播种过密的苗圃，及时间苗移栽；发病初期喷等量式波尔多液、百菌清、甲基硫菌灵等药剂防治；做好园区通风管理，避免过度郁闭，雨季做好排水，防止湿度过大。

播种圃常见虫害主要有地老虎和蝼蛄、蛴螬，地老虎和蝼蛄主要咬断幼苗茎干，而蝼蛄主要啃食嫩叶，咬断幼苗。防治虫害时，主要采取诱杀的防治方法，用鲜草或菜叶拌 1% 的敌百虫液，放入苗圃内作毒饵毒杀地老虎和蛴螬幼虫；在苗圃内安装黑光灯诱杀或撒杀虫剂于苗圃小苗周围毒杀蝼蛄；若苗床发现虫道，可在道口滴少许废机油、煤油，然后灌水，蝼蛄当即爬出死亡。

## 100. 实生苗多长时间可以出圃？出圃时应注意哪些事项？

正常情况下，实生苗在苗圃培养 1 年，冬季即可出圃。

冬季落叶后起苗，起苗时注意尽量避免伤及苗木枝梢、较大根系等；起苗后对苗木进行修剪，剪除多余、缠绕的枝梢，留一支生长健壮、木质化程度好的枝梢；短剪过长的根系和受伤根系，假植在土壤或沙内，做好苗木越冬保管工作。

## 101. 哪些猕猴桃种类扦插成活率高？

猕猴桃种类繁多，每个种的扦插生根率差异较大。笔者团队对 26 个不同物种冬季休眠枝条的扦插成活率进行了研究，在均采用 3721 强力生根液（兑水比例为 1∶400）处理插条，基质同为珍珠岩的情况下，结果表明最易成活和生根的种是葛枣猕猴桃、对萼猕猴桃、大籽猕猴桃和梅叶猕猴桃，其成活率和生根率均在 95.0% 以上；其次是浙江猕猴桃、繁花猕猴桃和毛花猕猴桃，其成活率和生根率在 80.0%～91.7%；表明以上这 7 个种较容易扦插成活；而最难生根的种有 6 个，即京梨猕猴桃、柱果猕猴桃、阔叶猕猴桃、黄毛猕猴桃、革叶猕猴桃和桂林猕猴桃，其成活率和生根率在 0～12.5%，均与其他种差异显著；较难生根的种有 4 个，即湖北猕猴桃、毛叶硬齿猕猴桃、中华猕猴桃和安息香猕猴桃，其成活率和生根率在 23.3%～45.0%；其余 9 个种的生根难易程度居中，其成活率和生根率在 52.5%～79.2%。

## 102. 猕猴桃扦插方法有哪些？不同方法对插条有何要求？

猕猴桃扦插根据所用材料可分为硬枝扦插、嫩枝扦插和根插。

硬枝扦插要求采用木质化程度最高、芽苞饱满、充分接受阳光照射的 1 年生健壮枝，一般在秋季落叶后至春季萌芽前进行。要求插条粗度为0.4~0.8厘米、长度10~15厘米，带有2~3个芽。插条下部切口紧靠芽下部平切，上切口要距离芽上方2~3厘米，剪口要平滑，并用蜡密封切口，以防水分蒸腾。扦插前需对插条基部用高浓度1 500~3 000毫克/升吲哚丁酸液处理5秒钟，促进生根，也可用其他生根剂代替。

嫩枝扦插要求采用当年生的半木质化枝条，主要在生长季节进行。最适宜在第一次新梢生长高峰过后、枝条充实时进行，在武汉，一般在5月下旬至7月上旬进行，选取半木质化枝条，用中部组织充实部分。插条带有3个芽，距上端芽2~3厘米平剪，留1片或半片叶，剪口用蜡密封；下端紧挨芽下剪断，扦插前剪平剪口，以利愈合生根。扦插前对插条用200~500毫克/升的吲哚丁酸或α-萘乙酸浸泡基部3~4小时。

根插要求选用粗度适宜的完整根，一般于冬季或早春进行。要求根的直径为0.5~1.5厘米，长度10~15厘米。

### 103. 影响猕猴桃扦插成活的主要因素有哪些?

影响猕猴桃扦插成活的主要因素有如下3点。

一是母体遗传性。不同种类、品种、无性系，甚至同一个体的不同器官和部位都有遗传性差异，即使如102题所述操作，其成活率差异也极大。

二是扦插条件。包括温度、湿度、光照、空气及植物生长调节剂，猕猴桃插穗生根的适宜温度为25℃左右，萌芽温度为15℃~20℃，因为硬枝扦插的地下部分会形成愈伤组织，因此应该保持插床20~30℃的恒温。萌芽前插床的湿度以持水量60%为宜，湿度过高基部容易腐烂，湿度过低则不利于形成愈伤组织。萌芽展叶后空气相对湿度保持90%~95%较好。插条需要一定程度的遮阴，以免阳光直射。扦插初期遮光率为60%~70%适宜，生根展叶后，逐步增加光照强度和光照时间，加强叶片光合作用制造营养物质以供根的生长。而保持插床环境空气新鲜，有利于愈伤组织形成、不定根发生和生长，如果通气不够，插条在呼吸过程中不能获得足够的氧气和必要的能量，会导致生根不良，甚至死亡。使用植物生长调节剂处理插条，有利于根原基的形成，提高发根率。

三是插条贮藏和运输。尽量保持插条新鲜程度，避免失水、损伤等。

## 104. 扦插基质和插床如何准备？

扦插育苗的基质应选疏松透气、排水良好的材料。嫩枝扦插常用过筛的干净河沙、蛭石、珍珠岩或泥炭；也有用园土与河沙各一半配制的培养土作基质。硬枝扦插用培养土或细沙土作基质，培养土用沙质壤土和沙子（或锯末）各一半配制。

基质在使用前必须消毒，每平方米的基质与 50％福美双可湿性粉剂 3～4 克混合均匀后使用，或用其他土壤杀菌剂、杀虫剂对其消毒处理。

而插床要求根据不同产区气候而不同，在温暖地区，常在露地做畦，选择向阳的区域，称为冷床。在低温地区或冬季硬枝扦插时，则采用温床，即在插床底部增加升温设施，加温一般采用电热加温和生物热能加温。采用电热加温需要用电方便，而生物热能加温主要是在插床底部铺填 30～40 厘米厚的新鲜马粪，使之发酵产生热能，在其上再铺 15～20 厘米厚的基质即可。

## 105. 扦插苗如何管理？

扦插苗主要从水分、温度、光照及肥水等方面加强管理。

（1）水分。嫩枝扦插因保留叶片，蒸发量大，在晴天上下午都要浇水或喷水，空气相对湿度保持 95％左右。当插条大部分生根后，空气湿度保持在 85％即可，或叶面有雾点并呈新鲜状态为佳。插床在自然光照条件下可安装自动间歇喷雾设施，省力高效。硬枝扦插初期 10 天左右浇 1 次水，生根萌芽展叶后 5～6 天浇 1 次，后期晴天2～3 天浇 1 次，以保持基质湿润状态。

（2）温度。硬枝扦插大部分生根后，不需再加底温。而嫩枝扦插正值高温季节，应保持环境 25～28℃，超过 30℃时，要求进行通风、喷水以降温。

（3）光照。嫩枝扦插在强光下，上午 10 时至下午 4 时，需要遮阴，阴雨天和晚上不需要遮阴。

（4）**摘心**。为减少养分消耗和水分蒸发，插条萌芽后，保留 2～3 片叶摘心，对床面落叶、腐烂插条及杂草，要及时清除。

（5）**移苗**。插条生根后，应及时移栽，可移至营养钵或苗圃地；移栽时应在阴天进行，尽量带土移栽，栽后要注意遮阴和水分管理。

（6）**施肥**。移栽成活后，宜勤施薄施速效肥料，可用 0.1％以内的尿素水或极稀薄的农家粪水或沼液，15 天左右施用 1 次，生长季中后期，以用农家粪水或沼液最佳，浓度也可逐步增加，以利于苗木木质化。

# 十、猕猴桃嫁接苗繁殖

## 106. 猕猴桃砧木的重要性有哪些？

砧木是支撑接穗品种的重要部分，整个植株的生长和开花结果均依赖砧木根系从土壤吸收营养；同时，砧木的抗性（如抗旱、耐涝、耐盐碱、抗病虫等）也可增强接穗品种的抗性，从而提升接穗品种的适应性。因此，猕猴桃生产上非常重视砧木的选择，特别是对有特殊抗性的砧木，需求量大。

## 107. 猕猴桃优良砧木的标准有哪些？

优良的猕猴桃砧木需具备以下特点：本身生长势强，抗性好；与嫁接品种亲和力强、嫁接成活率高，不出现明显的大小脚现象（彩图23）；成活后确保接穗品种正常生长，对接穗品种果实品质无负面影响，或对接穗品种的花量及花粉活性没有影响。

## 108. 常用猕猴桃砧木及其特性是怎样的？

猕猴桃常用砧木及其特性如下。

**（1）抗性较好的美味猕猴桃砧木。** 主要是米良1号、布鲁诺等品种种子的实生后代，长势强，根系发达，抗性较好，较耐瘠薄，较耐低温，与现有中华猕猴桃、美味猕猴桃品种嫁接亲和力好。

**（2）野生中华猕猴桃或美味猕猴桃砧木。** 主要是从主产区收集野生强旺的中华猕猴桃或美味猕猴桃果实洗种，其后代长势强，根系发达，抗性较好，较耐瘠薄，适应当地环境，与现有中华猕猴桃、美味猕猴桃品种嫁接亲和力好。

（3）耐涝砧木。针对美味猕猴桃或中华猕猴桃根系不耐涝，在降水量多的区域或降水集中时期，易得根腐病的问题，近几年很多科研单位和民间从其他猕猴桃种类中找到更耐涝的种类，如湖南湘西民间俗称的"水杨桃"就是多个从野外收集物种的总称，现在越来越集中到对萼猕猴桃、大籽猕猴桃2个种类。笔者团队自2013年开始，经过8年多的鉴定研究，从对萼猕猴桃、大籽猕猴桃及梅叶猕猴桃中鉴定得到极耐涝的品系3个，并申请品种保护，目前正在进行区域试验（彩图24）。山梨猕猴桃既耐干旱又耐高湿，但其与中华/美味猕猴桃嫁接亲和性较差，从山梨猕猴桃与中华猕猴桃杂交后代中培育出的RC197，既保持山梨猕猴桃的抗旱和耐高湿特性，同时又提高了与现有中华/美味猕猴桃品种的嫁接亲和性，具有很好的应用前景。

## 109. 猕猴桃嫁接有哪些困难？有哪些合适的嫁接方法？

猕猴桃嫁接较其他果树困难，主要是因为：①伤流严重，组织疏松，切口容易失水干枯；②枝茎纤维多而粗，髓部大，切削面不易光滑，影响愈合；③芽座大，芽垫厚，和砧木切面贴紧较难。

多年实践证明，猕猴桃嫁接方法主要有芽接、切接、劈接、枝腹接、舌接等，其中由于切接、劈接操作简单，国内应用最为广泛。

## 110. 猕猴桃苗木嫁接时间怎样选择？

猕猴桃嫁接时间多数为冬季休眠季节，即落叶15天后至萌芽20天前，过早、过晚嫁接都容易伤流，影响嫁接成活率；其次是夏季嫁接，可以作为冬季嫁接的补充，一般在5月底至6月底进行，过早嫁接则砧穗木质化程度不够，过晚嫁接则影响长势；还有少部分秋季嫁接，要求嫁接成活而不发芽，待翌年春季发芽，此种方法由于时间要求较为苛刻，而且每年的气候都有不同，影响嫁接效果，一般不建议采用。

## 111. 芽接步骤有哪些？

芽接主要用于夏季嫁接，接穗选择和砧木均为当年生半木质化枝条。选择一饱满芽苞，去掉叶片和大部分叶柄，仅留2厘米左右叶柄，在其上方约 5 毫米处横切一刀，深达木质部，然后在芽的下方 1～1.5 厘米处横切一刀，之后在芽体两边各 3 毫米处竖切两刀，最后剥取芽苞片。芽苞片选取后，用刀迅速将砧木光滑平直的合适位置切成 T 形接口，两边皮层撬开将芽苞片插入接口皮下，然后用大拇指轻轻按一下，使砧、芽密接。最后用嫁接膜从下往上绑好，仅露出接芽的叶柄和芽眼。

## 112. 切接步骤有哪些?

在砧木上找光滑平直部位，用嫁接刀将稍带木质的皮层切开，切口上下深浅一致或下部逐渐向木质深入，切开的皮层底部仍与砧木相连；之后选择饱满的芽苞削接穗，芽苞上方留 2～3 厘米保护桩，芽苞下方约 2 厘米处削长约 1 厘米的 45°斜面，斜面背面削去长约 3 厘米稍带木质部的皮层，形成长削面（顶端留有约 1 厘米的皮层，而非削掉斜面背面整条皮层）。将削好的接穗插入砧木切口，45°斜面靠外，长削面紧贴砧木木质，要求两者形成层至少一侧对齐，同时，内侧切面上部露长 5 毫米左右木质；最后用嫁接膜绑缚，避免在绑缚过程中移动接穗（彩图 25）。

## 113. 枝腹接有哪些步骤?

大树改接较少采用枝腹接，主要用于实生苗嫁接，一般在伤流期过后的春夏之交进行。嫁接部位选择在主干光滑平直的部位，高度根据主干粗度而定。首先用嫁接刀在砧木选定部位从上向下切削，以刚露木质部为宜，削面长度略长于接穗削面 3～4 厘米，削面必须光滑无毛，并将削开的外皮切除长度的 2/3，保留 1/3。然后削接穗（新鲜现剪接穗或冬季修剪贮藏接穗均可），先剪取带饱满芽的枝段，从芽的背面或侧面选择一个平直面，削 3 厘米长，深度以刚露木质部为宜，在其对应面削 50°左右的短斜面。将其插入砧木切口，对准两者的形成层，用嫁接膜绑缚，露出接穗芽即成（彩图 26）。

## 114. 劈接有哪些步骤?

此法适用于已定植的粗大砧木或大树改接换种。首先在砧木上找光滑平直利于嫁接的部位，在中间或偏向一侧的部位横切劈开，之后选择饱满的芽苞削接穗，芽苞上方留约2厘米保护桩，芽苞下方削成楔形，削口长度约3厘米，削面整齐平滑；将削好的接穗插入砧木切口，要求砧木、接穗形成层至少一侧对齐，留约5毫米木质不用插入；最后用嫁接膜绑缚牢固，同时避免在绑缚过程中移动接穗（彩图27）。

## 115. 舌接有哪些步骤？

舌接主要用在接穗、砧木粗度相近的嫁接过程中。首先选择砧木光滑平直的部位剪砧，之后选择与砧木粗度相近的芽苞饱满的接穗。先在砧木的剪口处和接穗的下端，削成3～4厘米平直等长的斜面，之后在斜面上1/3处，向内切一纵口，长度超过斜削面的1/3。将接穗和砧木的斜削面、纵切口相对插合，保证一侧形成层对齐，最后用嫁接膜绑缚牢固，露出接穗芽即可（彩图28）。

## 116. 嫁接成活的关键因素有哪些？

首先，砧木、接穗木质化程度要高，接穗芽苞饱满；其次，一定要避开伤流期嫁接，以冬季休眠期和早夏时期嫁接最佳；最后，嫁接操作要求达到"快、准、紧和湿"，"快"指嫁接时嫁接刀操作速度快，尽量缩短枝条切口与空气接触的时间；"准"是指砧穗的接合部位形成层一定要对准，并尽可能地扩大双方形成层的接触面；"紧"是指包扎要紧，伤口要密封，砧穗形成层密接，有利于愈合；"湿"是指枝接时接芽上方留2～3厘米长的保护桩，防止接芽干枯，如果接后干旱，则要求早晚喷水、喷雾，增加接芽周边的空气湿度，如果是苗圃，则应保持土壤湿润，但不要超过70%，避免伤流过大影响嫁接成活。

## 117. 嫁接苗管理事项有哪些？

嫁接苗的管理事项主要有以下几点。

**（1）苗圃准备。** 按每亩500～1 500千克优质土杂肥（堆肥）、3 000千克充分腐熟的马粪、猪粪或厩肥、100千克过磷酸钙的标准，将土壤深翻 30～40 厘米，将肥料与土充分拌匀；再用多菌灵、敌磺钠等对土壤消毒，最后开厢起垄做高畦苗床，苗床规格为宽 1～1.2 米、高 20 厘米，畦间留有 40 厘米宽的操作道。

**（2）移栽。** 室内嫁接后及时将嫁接苗移栽到苗圃，株距和行距分别是 15 厘米和 30 厘米左右，深度以泥土盖住根颈部即可，栽时苗木根系要梳理好，栽后及时浇足定根水，并用碎有机料（发酵过的谷壳、菌渣等）或地布覆盖，防草保湿。

**（3）栽后管理。**

①断砧。芽接和枝腹接的苗木需按时剪砧，夏季嫁接的应分次剪砧，第一次在接芽上方 3～5 厘米处刻伤向后折倒，砧木上的枝叶仍可为苗木输送营养，提高接芽萌发率，等接芽萌发长出新梢后，从刻伤处剪断。

②除萌。对嫁接苗砧木上的萌芽要及时抹除，春季萌芽后每隔 4～5 天进行 1 次，这是促进接芽成活的一项重要措施。当嫁接芽确认不会成活的，留一砧木芽，后期同实生苗管理。

③立支柱。当接芽生长至 30 厘米以上时，在苗旁边立一支柱，并及时将新梢绑缚到支柱上，使其直立生长，防止倒伏；当新梢长至 60～100 厘米（强旺品种长，弱势品种短）时摘心促壮。

④松绑。嫁接苗成活后，当发现嫁接部位出现缢痕时，应及时松绑；如果没有出现缢痕，则要求在建园定植前必须全部解膜，利于苗木生长。

嫁接苗后期肥水、土壤等管理同实生苗管理，施肥量可以适当增加。

## 118. 怎样控制大树改接伤流？

①改变包膜方法，用覆土代替包膜，吸收多余伤流水分；②嫁接部位套袋形成一微棚代替包膜保湿，降低伤流对接芽的危害；③嫁接口、砧木切面、接穗顶部涂嫁接蜡；④在嫁接口以下人为制造伤口，让多余伤流从此伤口流出，同时在包膜上方刺孔，按压将伤流挤出，过程中避免碰触接芽。

## 119. 地接方法怎样操作？

**（1）剪砧木**：将待嫁接或改接的砧木或原品种主干剪到或锯到地面以上5～10厘米位置的光滑平直部位。

**（2）劈砧木**：砧木剪后用嫁接刀劈开砧木，若树体较大可用板刀，必要时将嫁接刀或板刀留在砧木劈口，以便接穗插入。

**（3）削接穗**：挑组织充实、饱满的枝芽，芽体上方留1～2厘米保护桩，芽体下方两侧削长2～3厘米光滑平直面，形成楔形。

**（4）插接穗**：接穗削完后尽快插入劈开的砧木，使砧木、接穗形成层对齐，同时接穗露出3毫米左右的切面，取出嫁接刀或板刀。

**（5）覆土**：接穗插入后，立即覆土，先用较为湿润的细土覆盖接穗和砧木，完全覆盖后，再用干土覆盖即可（彩图29）。

## 120. 有些嫁接芽已经萌发甚至长得很高，却突然死掉的原因是什么？

嫁接芽开始萌发多数是由芽体自身提供养分，故前期芽苞萌发与否不能判定其是否成活。

而嫁接芽已经抽生很长后突然死掉，多数原因是嫁接伤流处理不当或没有处理导致嫁接口或接穗长时间处于伤流中而慢慢溃烂（彩图30），输导组织不能正常形成，随着叶片量增多，蒸腾作用加大，嫁接口处输送水分的能力达不到上部要求，嫁接芽突然萎蔫，甚至死亡（彩图31）。如果遇上连续雨天，也可能是根系受害腐烂导致死亡。

# 十一、猕猴桃苗木出圃

## 121. 苗木出圃前有哪些准备、检疫及规格要求？

苗木出圃之前需要进行检疫病虫害的抽样检测，符合要求的苗木方可出圃。在国内主要检测溃疡病、根结线虫病以及介壳虫等，如有发现溃疡病需及时销毁病株；根结线虫病发生时，应及时剪除病组织，若发病加重，同样需要销毁病株；发现介壳虫时需要喷药防控。最后，结合检测结果做好相应防治措施，同时在起苗前喷施甲基硫菌灵等药剂降低苗木病菌基数，以便后期管理。

根据相关标准要求或者需求方要求做好苗木规格比例判断，以便起苗。

## 122. 苗木怎样起挖、包装和运输？

**(1) 起挖。** 冬季落叶后起苗，起苗时注意尽量避免伤及苗木枝梢、较大根系等；起苗后对苗木进行修剪，剪除多余、缠绕的枝梢，留一支生长健壮、木质化程度好的枝梢；短剪过长的根系和受伤根系。

**(2) 苗木保存。** 短时间保存需要假植在附近的土壤或沙内。长时间保存，需要选择好假植区及做好相应工作，主要有：假植区选在背风、向阳、高燥处，土壤或沙的湿度保持 60%～70%；沟宽 30～50厘米，沟深、沟长根据苗木根系、苗木数量确定；有多条假植沟时，沟间距应在 40 厘米以上；沟底铺垫 10 厘米厚的湿沙或湿润土壤，按砧木类型、苗木等级、品种等信息做好明显标志斜埋于假植沟内，填上湿沙或湿润土壤至根颈以上 10 厘米，使苗木根系均能接触到沙土；

并在周围开挖排水沟。

（3）**包装**。苗木运输前，用稻草或其他打包绳捆牢，根据苗木大小每捆 30～50 株，或根据用苗单位要求进行捆扎，装进麻袋等打包袋内，每包 300～500 株，并在包内每层填充保湿材料，以确保苗木不霉、不烂、不干、不伤。长途运输时，在包外覆盖洒水草帘等遮盖物，包内外应附有苗木标签。雄株单独包装。

（4）**运输**。苗木运输要注意适时，运输途中应有帆布覆盖，做好防雨、防冻、防干、防火等措施。到达目的地后及时交付，尽快定植或假植。

每包苗木内置一个标签，注明品种、砧木、等级、株数、产地、生产单位、包装日期等内容，运输苗木要持"苗木质量检验合格证"和"苗木检疫合格证"。

# 十二、猕猴桃园土壤管理

## 123. 土壤管理为何重要？

土壤由矿物质、有机质、土壤水分、空气和微生物等组成，其本质特征是土壤肥力，可为猕猴桃等农作物提供机械支撑、水分、养分和空气等生长发育条件，是农作物生长的基础。土层厚度、土壤质地和结构、理化性质等土壤条件对猕猴桃各器官的生长发育都有重要影响。

## 124. 黏重土壤如何提高透气性？

黏重土壤的黏粒和粉粒多（黏粒占比常超过30％），沙粒少，颗粒细小，质地黏重，保水保肥性好，供肥比较平稳，矿质营养丰富，但养分转化慢，透气性较差，易积水，湿时泥泞干时硬，宜耕范围较窄，如长期浸水的水稻田、砖红壤等；这类土壤主要通过添加粗质肥料如作物秸秆、谷壳、山青、菌渣等进行改良，同时补充饼肥、动物粪肥等，过于黏重的土壤也可添加沙粒改良。在具体操作中需要先将改土材料撒在地表，用挖土机深翻（80～100厘米），将改土材料与土壤混匀，最后通过种植西瓜、豆科作物等进行3年左右的旱作，再种植猕猴桃。

如果已经定植猕猴桃，则可在行间套种3～4年绿肥，冬季将修剪枝条粉碎还田，并结合抽沟施基肥，每年增加粗质肥料的施用量，不断提高土壤的透气性。

## 125. 沙性土壤如何提高保水性？

沙性土壤透气性好，但保肥保水效果差，可通过种植绿肥、增施大量粗质肥料和有机肥，使有机胶体改良沙土，增加土壤的团粒结构，增强保水保肥能力；或采取地面覆盖粗质肥料的方式，提高土壤的保水性；或者添加黏质土壤如塘泥或河泥等来改善其保水保肥效果。

## 126. 幼龄果园如何进行土壤管理？

视频5 果园
土壤管理

幼龄果园土壤管理主要是行带或树盘清耕或覆盖，行间生草或种植绿肥、经济作物（彩图32，视频5）。生长季节可以在行带间种植绿肥，如野豌豆、满园花等，并定期进行刈割翻埋，湿度比较大的区域或时期需要进行频繁刈割，防止园区湿度过高造成病害流行。套种经济作物也是幼龄果园经常采用的土壤管理办法，但对于大型果园，不建议套种以收获为目的的作物，避免本末倒置或两者都管不好。无论是种植绿肥还是套种作物，1.5米的树行带或直径1.5米的树盘应确保无杂草，根颈露出，可以采取清耕，深度以不伤根为宜，也可以用透气性较好的黑色地布或有机物（如作物秸秆、谷壳、菌渣等）进行覆盖（彩图33），但多雨季节需要露盘排湿，防止土壤湿度过大造成根系腐烂。

视频6 果园
土壤改良

对于前期改土不彻底或没有进行改土直接栽苗的果园，秋冬季节结合施基肥进行土壤改良，可以采用条沟或半环沟的方式在植株周围40厘米外开沟，深度60厘米及以上，最底层可以铺秸秆等粗质肥料，并撒适量石灰消毒，其上填埋肥土，每亩施有机肥1～2吨，做到肥料充分腐熟发酵，且不成堆。以后逐年外扩，直至全园深翻一遍。（视频6）

前期改土彻底的果园，行带间同样可以种植绿肥或自然生草，并定期刈割翻埋；行带上应确保无杂草，根颈露出，树盘干净。施基肥时，开沟不用太深，40～50厘米即可，每亩施1～2吨有机肥。

在改土或施基肥操作中，可加大机械的施用程度，降低人力劳动成本，提升果园效益。

## 127. 成龄果园如何进行土壤管理？

成龄果园叶幕层基本能完全覆盖行带或树盘，地面杂草相对幼龄果园较少，可以通过有机料覆盖或浅耕的方式控制杂草。

成龄果园土壤管理较为常规，在幼龄果园全园改土施肥的基础上，基肥施用多采取撒施之后浅翻土层20～30厘米肥土混匀的方式，之后每隔3～4年深施一轮（2～3年）基肥，诱根深入。地面撒施和抽沟深施轮换进行，使根系尽量分布在离地表30～60厘米的土层内，增强植株对外界的抗性。

## 128. 土壤生草好还是清耕好？

果园采取生草或清耕需根据园区具体情况及当地气候条件而定，如果当地降水量少，不论是何种土壤，都可以采取生草给地面降温保湿；如果当地降水量过大，宜采用清耕以降低园区湿度，提高通风透光率，减少病菌的流行。

如果果园土壤条件较差，有机质含量低，可以采用生草方式，并定期进行刈割、翻埋，提高土壤有机质含量和透气性；如果土壤条件较好，可以采用生草与清耕结合的方式，旱季生草，雨季清耕，这样既提高通风透光率，又减少病菌的流行。

## 129. 果园套种有何利弊？

猕猴桃果园在幼龄果园阶段，空间利用率较低，可以在行间进行适当套种来增加果园收益，同时作物秸秆还田还可提高土壤有机质含量，改善土壤结构。

但套种容易使管理人员精力分散，导致主业、副业都做不好，或出现本末倒置的情况；同时，还容易发生套种作物种类搭配不当、种植距离不合适等问题，从而影响猕猴桃的生长（彩图34）。

## 130. 果园如何科学套种？

首先选择合适的套种作物，适合猕猴桃果园套种的作物一般为争肥水不严重的种类，要避免套种深根系作物，多选择矮秆的豆科作

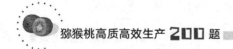

物、其他牧草等。

其次，确定合适的套种距离，一般要求距猕猴桃植株主干70厘米以上；如果选择茎干较高的作物，如玉米等，需要距猕猴桃植株1米以上。选择高秆作物只能在苗木定植第一年或第二年进行套种。

同时，避免种植病虫害发生严重的间作物，有些是与猕猴桃有共同性虫害的作物，如三叶草，本是非常好的绿肥植物，但如果碰到气候干燥的年份，易引发斜纹夜蛾的危害，从而引发斜纹夜蛾对猕猴桃的危害。

## 131. 自然生草如何管理？冬季需要清除杂草吗？

避免根系深、茎干高且老熟不易除的杂草，留禾本科杂草；保持1.5米宽树行带清耕或覆盖，行带间杂草长至40厘米以上时及时进行刈割，冬季结合深翻、改土、施肥将杂草翻埋至地下。

杂草和落叶、枯枝、树皮等都是病虫的越冬场所，因此，在冬季清园时，要求将杂草和落叶、枯枝及树皮一起清出园区或翻埋地下，之后全园喷施5波美度石硫合剂进行清园。

同时，冬季多数地区相对干燥，杂草若不除，容易引起果园内火灾。

## 132. 怎样控制园区的杂草？

幼龄果园叶幕层覆盖率低，生长季节杂草生长迅速，需要及时刈割；而成龄果园，由于叶幕层覆盖遮挡阳光，棚下杂草生长会被有效控制，一般不需要特殊处理。

控制杂草的主要方式为：机械或人工除草、种植绿肥或地面覆盖，覆盖材料可以用地布或秸秆、谷壳等；行带间杂草长至40厘米左右及时刈割，干旱季节适当留草，雨季则需及时除草或寸草不留。

猕猴桃对除草剂敏感，不宜采用化学除草剂。（视频5）

## 133. 如何提高土壤有机质含量？

主要通过以下措施提高土壤有机质含量。

（1）建园改土时添加大量的粗质肥料，每亩5～8吨；有机肥如饼肥、植物源动物粪便等，每亩施 1～2 吨，深翻 80 厘米左右。

（2）秋冬季节施有机肥，如每株施用 25～40 千克的牛粪或羊粪，或 10～20 千克的油菜饼肥，或成品有机肥 15～30 千克，采取深施、撒施结合的方式。

（3）生长季节套种绿肥、人工种草或自然生草，定期刈割翻埋；树盘或树行带进行有机物覆盖，结合基肥翻埋地下；将冬季修剪掉的枝条粉碎后（溃疡病园区、严重的病虫发生园区除外），结合基肥深埋地下，同时撒石灰消毒。

# 十三、猕猴桃园水分管理

## 134. 水分管理为何重要？

水分是植株生命活动的基础，其重要性主要有以下几点。

在土壤干旱、植株处于水分胁迫的状态下，树体地上部营养生长会受到抑制。表现为新梢发生量少、新梢变短、加粗生长缓慢、树体矮小；同时，还会抑制叶原基发生和叶片扩大，使树体叶片数量减少，单叶面积缩小。在严重干旱的情况下，甚至导致叶片早衰和脱落。新梢生长量多少主要是由果树萌动后6周内树体水分盈亏状况决定的，早春干旱对新梢生长量影响最大；夏秋干旱，树干生长受阻，干径增长量减少。

土壤适度干旱通常能促进花芽形成，尤以在花诱导期效果最为突出。对幼龄树不灌水和灌水量少时，其花芽形成数量远比对其大量灌水时多。春季灌水有利于花芽形态发育和坐果，但过量灌溉会造成春梢旺长，降低坐果率。若根系长期处于相对湿度大于85%的土壤内，就会严重影响根系呼吸，造成根系腐烂；若根系浸水超过12个小时，树体存活概率约为50%。

猕猴桃果实的生长曲线是单S形（南方）或双S形（较北方），谢花后60天内是果实迅速膨大期，这个时期植株对水分供应反应十分敏感，该时期缺水，会影响果实的增大，降低产量。

果实可溶性固形物含量与水分供应水平呈直线负相关关系。一方面，随着土壤供水能力降低，采收时果实含糖量不断增加，但是，土壤水分状况对果实含酸量影响较小。因此，在干旱条件下，果实糖酸比通常增加。此外，采前灌溉量过大时，果实品质下降，贮藏能力降低。

果实裂果多是由于根系或果实皮层快速吸收水分，果肉急剧增长而果皮增加较慢所致。猕猴桃品种金桃，对水分敏感，当长期干旱突遇降水或大灌水时，果肉迅速吸水生长而果皮增加较慢，常造成裂果。（视频7）

视频7　水分管理

## 135. 猕猴桃园如何防涝？

中华/美味猕猴桃根系属肉质根系，在其生长过程中，不能长期处于较高的湿度条件下，因此，猕猴桃园一定要做好防涝。①在选地时，需要考虑当地降水量，地下水位需要控制在1.2米以下，地块排水要通畅；②根据选择地块，确定排水方向，平整土地，避免坑洼凹陷，确定主排水沟、小区排水沟和厢沟，确定起垄高度，使苗木始终处于行带最高处；③避免苗木栽深，避免树盘下陷，雨季及时清理排水沟，确保雨后2小时园区无明水。

## 136. 猕猴桃园如何防旱？

猕猴桃在生长过程中需要大量的水分，尤其在萌芽期、新梢生长期、果实迅速膨大期。①在进行选地建园时确定有足够水源，之后进行灌溉系统的规划，或是灌溉渠道，或是灌溉设施等；②园区土壤相对湿度在60%及以下时需要及时灌水，一次灌水要浇透，配合树盘或行带覆盖，可延长二次灌水时间；③干旱季节园区可以适当留草，增加空气湿度，调节园区小气候，利于猕猴桃生长发育。

## 137. 灌水方式有哪些？各适于哪些土壤？

灌水方式有沟灌、树盘浇灌、喷灌、滴灌、微喷灌（彩图35）等。对于通透性较好的土壤如沙壤土或壤土，多种灌溉方式均可使用，但对于比较黏重的土壤，最好不用滴灌，容易造成表层局部土壤过湿的情况，导致表层根系腐烂；同时，表层过湿会影响根系下扎。

## 138. 猕猴桃园灌水时期的确定方法是什么？

一般认为适宜猕猴桃生长结果的土壤湿度为田间持水量的60%～80%，一般在土壤湿度低于60%时需要灌水。

当充分了解土壤质地，并经过多次土壤含水量的测定，即可判断土壤是否需要灌水，也可凭经验手测或目测来判断。取园地深5～20厘米处土壤，沙质土，手握不成团时要灌水；壤质土，打碎后用手握成土团，稍一挤碰，不易破碎可不灌水，相反不能成土团，需灌水；黏质土，手握后成土团，轻轻挤碰发生裂缝，应灌水。

一般树体出现萎蔫时就已经缺水严重，因此，最好的灌水时间是在树体出现萎蔫之前。用土壤湿度压力计或湿度计进行根际土壤湿度测量，实行科学灌水。

## 139. 涝害对猕猴桃生长有哪些影响？

涝害主要影响根系的生长，当猕猴桃根系长期处于高湿或水淹情况下，则缺少空气，迫使根系进行无氧呼吸，酒精大量积累，造成蛋白质凝固，引起根系生长衰弱，以致死亡。

在黏土中，在施用硫酸铵等化肥或未腐熟的有机肥后，如遇高湿或水淹，这些肥料则进行无氧分解，产生一氧化碳或甲烷、硫化氢等还原性物质，会毒害根系。

遭遇涝害后，除根系受害外，也影响地上部生长不畅，由于根系生理机能减弱或受害死亡，则树体营养吸收、运转等功能无法进行，从而导致地上部枝叶缺水，发生"旱害现象"，叶片发生变色甚至整株死亡。

## 140. 当猕猴桃遭遇涝害时怎么处理？

（1）**及时排水**。对于受涝果园，应及早排除果园内积水，扶正冲倒植株，设立支柱防止动摇，清除根际压沙或淤泥，对裸露根系要及时培土，尽早使其恢复原状。

（2）**翻土晾墒**。将根颈部位的土壤扒开晾根，及时松土散墒，使土壤通气，促进猕猴桃根系生理机能恢复。其他部位的土壤也应及时翻耕晾晒，以利于土壤水分蒸发，促进新根生长。

（3）**加强树体保护。**晾晒树盘后，及时对根部灌杀菌剂和生根粉，预防病害，促进生根。对病疤和伤口刮治消毒，全园喷一次杀菌剂。

（4）**适当修剪。**树体受涝后一般会损伤大量细根，因此应对地上部枝叶加重修剪，以维持地上部和地下部的水分相对平衡。对于受涝害严重的结果树，应疏果保树。

（5）**薄施肥水。**对于遭受涝害的树体，应少量多次施肥，可先通过叶面喷施低浓度的叶面肥，缓慢补充营养；随树体恢复，逐步增加营养，切记不可大量施肥。

（6）**定植耐涝砧木。**对于根系受害较重的盛年树，可采取在主干附近定植耐涝砧木 1～3 株，适当时期桥接挽救大树。（视频 7）

# 十四、猕猴桃园施肥管理

## 141. 施肥为何重要?

猕猴桃正常生长发育所必需的营养元素有 17 种,根据需要量,可分为大量元素(一般占干物质重量的 0.15% 以上)和微量元素(一般在 0.1% 以下)。施肥的主要任务之一就是调整土壤中猕猴桃树体所需营养元素的含量,使之达到适宜的动态平衡,以满足树体生长发育的需要。

## 142. 猕猴桃所需肥料有哪些?

猕猴桃树体生长所需的大量、中量元素肥料包括碳、氧、氢、氮、磷、钾、钙、镁、硫;微量元素肥料包括铁、铜、锰、锌、硼、钼、氯等。其中碳、氧、氢来自大气中的二氧化碳和土壤中的水,其他元素则主要通过外源施肥补充。

## 143. 猕猴桃园施肥量如何确定?

养分平衡施肥法是国内外果树配方施肥中最基本和最重要的方法。此法是根据果树需肥量与土壤供肥量之差来计算实现目标产量(或计划产量)的施肥量,由果树目标产量、果树需肥量、土壤供肥量、肥料利用率和肥料中有效养分含量等五大参数构成平衡法计量施肥公式,计算出应该施用肥料的数量。

$$合理施用量 = \frac{目标产量 \times 单位产量养分吸收量 - 土壤供应量}{所施肥料中的养分含量 \times 肥料养分当季利用率}$$

## 144. 猕猴桃园施肥时期如何确定？

猕猴桃园施肥时期主要根据以下条件进行确定。

**(1) 猕猴桃对养分的吸收规律。**猕猴桃花蕾膨大、开花、坐果及幼果膨大与春梢生长同时进行，因此，必须及时进行施肥补充，才能协调好生长与结果的矛盾，提高坐果率，保证丰产、稳产。同时，在年周期中猕猴桃对氮、磷、钾等矿质元素的吸收率是有变化的，根据笔者所在团队在树体生长发育期间对叶片及果实中大量元素含量变化的初步研究表明，整个生长发育期叶片中氮、钾和钙的含量变化较大，而磷、硫和镁的含量变化相对较小。果实从坐果至成熟，钾的含量变化最大，由谢花后的不到 200 毫克/千克增加到成熟果实中的 1 000～2 000毫克/千克；而氮的含量在谢花坐果时与成熟果实中差异不大；钙、镁、磷等元素的含量则稳步增加，增加幅度相对较小，特别是钙的积累，主要发生在果实迅速膨大期，其次是在成熟的后期，因此在幼果期补充叶面钙肥有利于果实钙的积累。

**(2) 土壤中营养元素和水分变化规律。**清耕果园春季土壤含氮较少，夏季有所增加，钾含量与氮相似；磷含量春季多而夏秋季较少。此外，土壤营养元素含量与果园间作物种类和土壤管理制度等有关，如间作豆科作物，春季氮素减少，夏季由于根瘤菌固氮作用其含量又有所增加。

土壤含水量与肥效发挥有关，土壤缺水时施肥，由于肥分浓度过高，果树不能吸收利用且易遭受肥害。积水或多雨水地区肥分易淋洗流失，降低肥料利用率。因此，应根据当地土壤水分变化规律或结合排灌施肥，才能达到施肥补充营养的目的。

**(3) 肥料的性质。**易流失挥发的速效肥或施后易被土壤固定的肥料，如碳酸氢铵、过磷酸钙等宜在树体需肥期稍前施入；迟效性肥料如有机肥料，因腐烂分解后才能被果树吸收利用，应提前施入。

## 145. 猕猴桃园施肥方式如何确定？

猕猴桃园施肥主要有土壤施肥、叶面施肥（树体施肥）、灌溉施肥几种方式，具体采用哪种施肥方式需要根据不同情况进行确定。

土壤施肥是果园施肥的主要方式，直接关系到土壤改良和根系发育的质量，是其他施肥方式所不能代替的。根据根系分布特点，将肥料施在根系集中分布层或稍深范围内，以便于根系吸收，发挥肥料最大效用。

叶面施肥一般在叶面喷施后15分钟至2小时肥料即可被叶面吸收，简单易行、用肥量小，可以作为苗圃施肥的主要方式之一，或大田施肥及时补充肥料的一种手段。预防或纠正营养缺乏症状、土壤条件较差的果园等，都可通过叶面施肥进行营养补充，但叶面施肥不能作为生产园施肥的主要方式。

灌溉施肥是将精确施肥与精密灌溉融为一体的新技术，使树体在吸收水分的同时吸收养分（彩图35）。实践证明，灌溉施肥，供肥及时，肥分分布均匀，既不伤根系，又能保护耕作层土壤结构，节省劳力，肥料利用率高，可提高产量和品质，降低管

视频8 施肥技术

理成本，提高劳动生产率。灌溉施肥对成年树和密植果园更为适宜。同时，沙地、坡地以及高温多雨地区，养分易淋洗流失，宜在果树需肥关键时期施肥，增加施肥次数，减少间隔日期，减少每次施入量，最有效的施用方式是采用水肥一体化设施，这样可减少肥料淋溶，提高肥料利用率。（视频8）

## 146. 为什么要重施有机肥？

有机肥通常指较长时期供给树体多种养分的基础肥料，如饼肥类、骨粉类、粪尿类、堆沤肥类及杂肥类，属于迟效性肥料。重施有机肥是因为：①有机肥中有机质含量高，如油菜饼肥，有机质含量达90%以上，可以通过持续施用，增加土壤有机质含量，从而改善土壤团粒结构；②有机肥的养分全面且持效，可源源不断为树体提供养分，并含有丰富的微量元素，均衡树体营养；③有机肥施入土壤中有利于微生物的入侵、分解以及菌体和养分的移动，从而丰富了土壤中微生物的数量，进而提高土壤的有效养分含量。

## 147. 为什么要重施基肥？

猕猴桃果实采收后带走大量的氮、钾及其他营养元素，使树体衰弱。同时，果实采收前后也是花芽分化的重要临界期，需要有大量的营养供应，否则不利于分化更多的花芽。因此通过采果后至入冬前重施基肥，可以为树体补充果实带走的养分，同时还可以补充氮、磷、钾等大量元素，贮藏于树体根茎中，为翌年萌芽和枝梢早期生长、花蕾发育提供充足营养。

## 148. 基肥一定要深施吗？多深才合适？

猕猴桃根系具有趋肥特性，其生长方向常以施肥部位为转移，因此，将有机肥料施在距根系集中分布层稍深、稍远处，有利于诱导根系向土壤深广方向生长，形成强大的根系，扩大吸收面积，提高根系吸收能力和树体营养水平，增强树体的抗逆性。沙地、坡地以及高温多雨地区，养分易淋洗流失，基肥要适度深施，以便增厚土层，提高保肥保水能力。

猕猴桃是相对浅根系树种，根系主要分布在地面以下60厘米范围内，大多集中分布在地面以下40厘米土层；而其宽度分布比深度分布广，以主干为中心，根系水平分布的广度是深度的3～4倍。因此，对于移动性弱的肥料如磷肥和有机肥等尽量深施，尤其在幼龄果园阶段，施肥深度不能小于40厘米，即需挖施肥沟50厘米深，引根深入（彩图36）。

## 149. 施肥次数是越多越好吗？

不是，应根据树体养分需求规律、土壤条件、降水条件及肥料种类等及时补充树体需求即可，施肥次数过多除了浪费人力、物力、财力之外，还有可能因施肥过多造成肥害（彩图37、彩图38）。

根据笔者团队连续4年对生产园猕猴桃品种东红和金艳的施肥实验看，在全年肥料用量相同的情况下，东红的施肥次数是以全年重施1次有机肥（纯油菜饼肥）和全年施基肥加壮果肥的2次施肥效果最好，一年施 5 次肥的效果反而最差。同样，在晚熟品种金艳上是以重施 1 次有机肥（纯油菜饼肥）和施基肥加促花肥、壮果肥的 3 次施肥效果最好，其余施肥处理效果均较差。并且随着树龄增长，不论是壤土上种植的东红还是沙土上种植的金艳，均是 1 年施 1 次充足的油菜饼肥的综合效果好。

因此，确定施肥次数，应在品种的成熟期、土壤性质、树龄、当地气候条件的基础上综合考虑，而不能盲目施肥。

## 150. 为什么生粪不可直接使用？

大多数普通家畜粪便为强酸性，直接使用容易造成烂根；分解过程中也会产生大量的有害气体（氨气或甲烷等），对树体或根系造成危害；此外，生粪携带有大量的有害虫卵，进入大田后，易诱发虫害，如金龟子、草履蚧等。因此，不宜将生粪直接施用。

## 151. 低产低效果园怎样施肥？

针对该类果园，首先应充分调查，弄清楚低产低效原因，然后针对原因对低产低效果园进行处理。

如果是果园土壤板结黏重，肥力低，则需在秋冬季节结合施基肥多施大量的粗质肥料和精品有机肥，提高土壤养分含量，改善土壤结构；如果是因为果园土壤沙性重，肥力低，则同样需要重施粗质肥料和有机肥，增强土壤的保水保肥能力，同时生长季节应少量多次追肥。

如果是由于前期管理不善，树势弱，则需要少量多次施肥，生长季节前期提高氮肥施用比例，后期慢慢降低，并增加磷钾肥施用量；采果后注意氮肥补充。同时，冬季适当重剪，促发有效枝条，形成合理负载，逐渐恢复果园产量和效益。

如果由于园区地势低洼、排水不畅导致根系受损，在以上改良方式的同时，加强园区排水系统的改造，确保排水通畅。同时在主干附近补栽耐涝砧木进行靠接，或采用耐涝砧木逐步替换原有砧木的方式，提高植株对此种立地条件的耐受性，提升果园效益。

## 152. 有机栽培如何施肥？

有机栽培是一种在猕猴桃生长过程中完全使用自然原料的栽培方法，包括在土壤改良、施肥和病虫害防控中不使用化学合成的肥料、农药、生长调节剂，也不采用基因工程和离子辐射技术，以获得安全产品的生产体系。随着生活水平的提高，人们对有机栽培水果的需求日益增多。对于有机猕猴桃：①应选择抗性强的品种，在施肥上可以采取冬季重施 1 次有机肥的方式，如每株施用 15～25 千克的纯油菜饼肥，即可满足树体 1 年的营养需求；②果园种植绿肥或自然生草，全年避免化肥的施用；③加强水分管理，保证果园土壤常年湿润状态；④如果冬季有机肥不足，则生长季节使用速效有机肥，如沼液、氨基酸肥料、海藻精肥料等，实现营养均衡。

# 十五、猕猴桃树整形

## 153. 猕猴桃植株为什么要整形？

整形的目的就是培养一个合理的树形，使树体具有合理的骨架结构，易于维护，有利于丰产稳产，延长经济结果年限。①通过合理整形，能够保持适宜的从属关系和主枝分枝角度，减少骨干枝上的伤口，培养牢固的骨架，延长经济结果寿命。②通过采取标准化的树形，可减轻冬夏季修剪工作量，提高人员操作工效，使树体保持合理的骨架、高度及枝条密度，有利于田间各项操作，增加果园经济效益。

## 154. 猕猴桃植株整形何时进行？

猕猴桃植株的整形主要在树体低龄阶段进行，一般在定植（或嫁接）当年培养主干上架，形成所需树形的基本骨架，第二年基本稳定成形。整形需要1～3年。

## 155. 整形修剪的原则有哪些？

猕猴桃树体整形修剪的原则是因架整形，因树修剪，统筹兼顾，长短结合，均衡树势，主从分明；维持树形，确保营养生长和生殖生长的平衡；疏密有度，保持树体及园区健康。

对幼年树，既要培养好树形，又要促进早结果，做到生长与结果两不误。根据大棚架、T形架（或T形小棚架）、篱壁架、Y形棚架等不同架式（彩图39），结合种植密度，培养标准树形，在同一株树上，同层骨干枝的生长势应相近，避免出现骨干枝一强一弱的现象，采取抑强扶弱，促控相结合的修剪方法。冬季修剪时应充分利用靠近主蔓或主干的当年生营养枝或结果枝作下一年结果母枝，防止结果部位的外移。

## 156. 生产上主要的猕猴桃树形有哪些？

生产上主要的猕猴桃树形有：一干两蔓、一干单蔓、一干多蔓、双干双蔓、多干多蔓等。

## 157. 一干两（单）蔓多侧蔓树形的优缺点有哪些？

**(1) 优点。**养分、水分输送最高效；便于田间各项农事操作（修剪、授粉、疏花、疏果等），修剪方法简单易学，便于实现省力化、标准化管理；果园美观；利于花果定量管理；结果母枝每年更新，保持树体旺盛活力；冠层通风透光而不郁闭，降低病害发生率；叶片充分接受阳光照射，提高当年果实产量和品质，枝条成熟度高，得以保障下年产量及质量。（彩图40）

**(2) 缺点。**对促发侧蔓的方式，个别品种需要特殊对待，如皖金，靠近三角区的枝条不易萌发，需要给予适当刺激，如对末端枝条摘心等；另外，三角区的把门枝需要及时控制或处理，避免造成后部枝条衰弱。

## 158. 一干两蔓是如何形成的？

对嫁接苗或上年回剪的弱苗，从其基部多个萌发的新梢中选择一个健壮新梢作主干培养；而刚嫁接的则直接用成活的嫁接芽作主干培养，并引缚到支柱或牵引绳上，引其直立生长。当作主干的新梢长度超过架面以上约20厘米时，回剪至架面下约15厘米处，促发剪口附近芽萌发，选留架面下15～20厘米处的2个对向生长的健壮新梢作主蔓培养，其他萌芽均抹除。当主蔓长至40厘米左右，及时固定在中心钢丝上，钢丝上绑紧，枝条上绑松，同时确保主蔓向上或斜向上生长。当其长至超过株距一半20厘米以上时，将其绑缚在中心钢丝上，并在株距一半处短截，促发侧蔓，侧蔓即为第二年的结果母枝，在此过程中要控制三角区的旺长枝条，可以通过扭梢、短截的方式减弱其生长势。

若主干或主蔓太弱，可以在当年冬季回剪至基部或健壮部位，第二年按照上述步骤重新培养树形。（视频9）

视频9　幼树整形修剪

## 159. 单干多侧蔓的圆头形树形的优缺点有哪些?

**（1）优点。**成形较容易（彩图41）。

**（2）缺点。**树形的维护对修剪人员的技术要求高，否则容易出现修剪不当，内部空膛（彩图42），枝蔓紊乱，层次不明，果实品质均一性差等问题。

## 160. 圆头形树形是如何形成的?

主干培养同一干两蔓树形。当主干生长至超过架面20厘米时，回剪至架面下约15厘米处，促发剪口以下芽苞萌发。当剪口以下萌发多个新梢时，选留3～5个新梢，当新梢长至约40厘米，将其向不同方位固定在钢丝上斜向上培养作骨干枝（也是第二年结果母枝）。当年冬季对骨干枝短截，弱枝重剪，壮枝轻剪；下一年，轻剪枝条结果，从基部培养2～3个营养枝作为这个骨干枝的代替枝组，重剪枝条新发出一壮枝作为下一年结果母枝，以后同样可培养成结果枝组。

## 161. 如何根据自己园区状况培养树形?

每个果园的实际情况均不相同，如品种、种植密度、当地气候等均相差较大，因此，应综合多方因素培养最合适的树形。萌芽率不是很高的品种，或种植密度过大的园区，可以选择圆头形树形；若果园以公司的模式运作，尽可能选择一干两蔓及类似树形，后期修剪简单易学，节约人工；若大树改接，可以直接培养成两蔓的树形。

# 十六、猕猴桃树修剪

## 162. 修剪的时间如何确定？

　　猕猴桃一年中的修剪主要有生长期修剪和休眠期修剪，生长期修剪的关键时期是从萌芽至坐果后的 2～3 个月内；休眠期修剪主要在落叶至萌芽前 20 天左右进行。

## 163. 冬季修剪的方法有哪些？

　　猕猴桃冬季修剪的方法主要有以下几种。

　　**（1）短截。**对 1 年生枝剪去一部分，根据剪截长度，分为轻、中、重和极重短截，轻短截一般指剪掉枝长度的 1/4 以内，中短截指剪掉枝长度的 1/3～1/2，重短截指剪掉枝长度的 2/3～3/4，极重短截指仅保留枝基部 1～2 个饱满芽。根据具体情况对具体修剪方式方法进行选择，避免出现传统的留枝多、留枝短的"鸡爪形枝"（彩图 43）。

　　**（2）回缩。**对多年生枝剪去一部分，其作用主要是更新复壮，使留下的枝能得到较多的养分与水分供应，因而对母枝具有一定的复壮作用。

　　**（3）疏枝。**将枝梢从基部疏除，主要是去掉无用枝梢，改善光照，维护树形。

　　**（4）长放。**对 1 年生枝不剪，长放可增加枝量，尤其是中短枝数量。对中庸枝、斜生枝和水平枝长放，易发生较多中、短枝，生长后期积累较多养分，能促进花芽形成和结果。但背上强壮直立枝长放，顶端优势强，母枝增粗快，易发生"树上长树"现

视频 10　成年树
冬季修剪

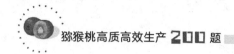

象，因此不宜长放。（视频10）

### 164. 冬季修剪结果母枝选留的要求有哪些？

要求尽量选择芽苞饱满的，靠近主蔓或主干，或直接从主蔓上萌发的当年生中庸强壮枝作为下年结果母枝，所留枝条基部5厘米处的粗度在1.3厘米左右为最佳。（视频10）

### 165. 冬季修剪可以提前吗？

冬季修剪最佳的时间是落叶后至春季伤流前，越早越好。但针对冬季落叶时期过晚（如云南等产区），或冬季温度极低的果园，为确保修剪伤口能如期愈合、减轻损失，修剪时间可以适当提前，一般在部分叶片开始形成离层、出现黄化即可开始，在正常落叶前的15天左右。

### 166. 生长期修剪的重要性是什么？

针对幼年树，生长季节是整形的关键时期，通过摘心、除萌、绑蔓等工作，培养成符合架式的标准树形。

针对结果树，从萌芽至果实生长期前2～3个月，通过抹芽、疏梢、摘心和剪梢等措施，去除过多的营养生长枝，平衡生长与结果的关系，改善园区通风透光条件，降低病害流行概率，提高果实品质。

### 167. 夏季修剪的方法有哪些？

猕猴桃夏季修剪的方法主要有以下几种。

**（1）抹芽。**抹除位置不当、多余的、有病虫危害的萌芽，主要除去嫁接口以下萌蘖，除去主干、主蔓以及三角区的萌芽；大剪口附近的潜伏芽或徒长芽，若空间允许可以保留，但需要处理使其生长势减弱，若空间不允许则直接抹除；同一节位上的双生芽或三生芽均只留1个芽，其余抹除。

**（2）摘心（捏尖）或剪梢。**摘除（捏破）新梢生长点。主要在蕾膨大期至幼果迅速膨大期进行，能暂时抑制新梢的伸长生长，使叶片制造的养分集中供应花蕾生长发育、整齐开花、坐果及幼果膨大。主要在外围结果母枝（冬季修剪去掉的）上进行此项操作，最后一个果实坐果后留6～8片叶摘心。

**（3）疏梢。**从现蕾期开始，对因抹芽不及时而产生的各类枝均从基部剪除，主要包括砧木萌蘖、主干上萌发的新梢、结果母枝上萌发的位置不当的营养枝、细弱结果枝以及病虫枝等。疏梢时应根据架面大小、树势强弱、母枝粗细以及果实数量、叶果比例等，确定适当的修剪量。（视频11）

视频11　成年树
夏季修剪

## 168. 夏季修剪的时间如何把握？

通常说的夏季修剪也就是生长期修剪，其关键时期是从萌芽至坐果后的2～3个月内，特别是开花坐果前后，合理的夏季修剪可提高花芽形态分化质量及坐果率，减少养分浪费。

## 169. 环剥（割）的优缺点有哪些？

环剥暂时中断了有机物质向下运输，促进地上部糖分的积累，生长素、赤霉素含量下降，乙烯、脱落酸、细胞分裂素增多，同时也阻碍有机物质向上运输。环剥后必然抑制根系的生长，降低根系的吸收功能，同时环剥切口附近的导管中产生伤害充塞体，阻碍了矿质营养和水分向上运输。因此，环剥具有抑制营养生长、促进花芽分化和提高坐果率、促进果实生长的作用。（彩图44）

环剥应注意时间、宽度与深度等，花芽分化前进行环剥，促进花芽分化；在花期前后环剥，会提高坐果率；幼果膨大期环剥，可以促进果实增大；果实生长后期（一般花后70天左右）环剥，可以促进果实干物质积累。环剥的适宜宽度以树体在急需养分期过后即能愈合为宜，过宽则长期不能愈合，营养生长抑制过重。环剥深度以深达木质部但不伤木质部为宜，过深则可能导致环剥枝梢死亡，过浅则效果不理想。

环剥（割）主要在营养生长过旺、花量少的树上应用，而其他树不建议采用，特别是幼树和弱树。实际操作中尽量采取部分结果母枝环剥，主要是旺树、旺枝；剥后保护伤口，可用塑料布或纸进行包扎，涂药保护时要慎重，切忌造成药害、病菌感染或死树现象。

## 170. 夏季修剪怎样做到外控内促？

（1）**控制外围枝梢生长。**在蕾期及花后做好外围（一干两蔓树形主蔓两边各 50 厘米以外，圆头形树形以主干为中心 50 厘米以外）强旺枝条的摘心工作，一般在枝条长至 20～30 厘米即可进行，对萌发的二次梢及时抹除，促进内膛枝条生长及花蕾或幼果的膨大。过晚摘心则枝条太长，若直接留 6～8 片叶短截，二次梢很容易萌发并消耗养分。

（2）**促进内膛枝条的培养。**对于内膛营养枝或结果枝在其顶部自然弯曲时摘心，将其培养成翌年结果母枝；而对于位置适宜的徒长性枝条在其 30 厘米左右进行重短截，促进中庸二次梢的萌发，用作翌年结果母枝。需要注意的是，不要在夏季预留枝条过少，有的果园按冬季留枝量选留枝条，则冬季无选择空间，若后期遇有对枝条造成伤害的冰雹或风害等，则会严重影响翌年产量，因此，夏季要适当多预留枝条，预备枝大概是冬季留枝量的 1.5～2.5 倍。

通过合理的外控内促措施，实现合理负载，达到猕猴桃树生殖生长与营养生长平衡，叶果比（4～6）∶1，实现丰产稳产。

## 171. 零叶修剪需要注意的事项有哪些？

零叶修剪是从新西兰引进的一种夏季修剪技术，即在外围结果枝坐最后一个果后直接剪断，果后无叶片。当时是用在 Hort16A 品种，该品种生长旺盛，萌芽率高，叶幕层较厚，为避免过多的疏除二次梢工作，并使叶幕层控制在合理厚度，因此应用该技术。若使用该项技术，需要注意几点：一是树势强旺，枝梢旺盛，叶幕层较厚，零叶修剪后仍可有足够的叶幕保护果实；二是二次梢萌发力强。

## 172. 控制徒长枝、把门枝的方法有哪些？

对于位置不恰当或多余的徒长枝、把门枝，可以在早期直接抹芽或剪掉；但对于空间需要的，需要进行适当处理，后期则可使用（彩

图 45)。可以在枝条长至 30 厘米左右进行重短截，促其萌发新梢，选择最靠近基部的 1～2 个二次梢培养成翌年结果母枝，其余剪除（彩图 46)；也可在其木质化程度较低的情况下进行扭梢处理，扭梢可以多次进行，或在一个枝条上多处进行，从而减弱其生长势。

### 173. 雄株是否不用修剪？

不是，雄株虽然只开花不结果，其作用仅在于为雌株提供花粉，但若要保证花粉质量和数量，需要对其进行合理的修剪。冬剪一般较轻，在花后再进行复剪。雄株冬剪主要是疏除细弱枯枝、扭曲缠绕枝、病虫枝、交叉重叠枝、萌蘖枝、位置不当的徒长枝，保留所有生长充实的各次枝，并对其进行轻剪。雄株花后复剪是指谢花后及时回缩多年生衰老枝，短截留作更新的徒长枝、发育枝或花枝，将开花母枝尽量培养在离主干（主蔓）50 厘米的范围内，并对留下的强壮枝或徒长枝进行重剪，促发更多的新枝；疏除内膛的细弱枝、病虫枝、荫蔽枝等。（视频 11）

### 174. 猕猴桃必须要牵引吗？

不是的，猕猴桃牵引也是从新西兰引进的一项枝蔓管理技术，同样是因为 Hort16A 品种生长旺，萌发率高，成枝力强，导致叶幕层厚，针对其问题研发了一项叶幕层管理技术，即利用枝梢向上生长的顶端优势，将结果母枝基部（或主蔓上）的第一次梢或二次梢斜向上牵引，让结果母枝其他部位的枝叶花果均能得到充足阳光。目前在国外成龄果园应用的比例也比较小，多数用在黄肉猕猴桃幼龄果园的整形阶段，在海沃德等其他品种上基本不用。

### 175. 枝蔓牵引的注意事项有哪些？

国内生产上近些年也在尝试应用此项技术，但在应用前需要根据具体情况进行选择和确定具体指标：首先，种植品种和密度，如果行距较小或品种较为强势，不用牵引即可达到有效利用空间的程度，则可不用牵引；其次，若采用牵引，需要根据种植品种确定牵引角度，一般角度在 40°～50°，旺势的品种牵引角度要小些，弱势的品种牵引

角度可大些；再次，牵引需要一定的人工和材料等成本，需要根据实际情况进行选择。（视频9）

## 176. 怎样处理密度过大、比较郁闭的果园？

由于前期种植模式导致成园后密度过大的果园可以通过以下管理措施进行改善。

（1）若园区雄株较少或没有雄株，可以隔行嫁接雄株，提高雄株比例，并将雄株的生长空间通过修剪控制在合理的范围内，既确保自然授粉效果，又给雌株生长空间，提升园区通风透光条件，降低园区郁闭程度，降低病虫害流行风险。

（2）若园区雄株有足够的比例，可以通过间伐的方式，降低园区郁闭程度；可以隔株间伐或隔行间伐。也可以通过植株一边坐果、一边长枝的轮换结果管理模式，改善园区通风透光条件，同时加强园区夏季修剪、除草等操作，降低病虫害流行风险。

## 177. 修剪后伤口如何保护？有哪些伤口保护剂？

修剪后的大伤口最好涂伤口保护剂进行保护，加快愈合，避免伤口感染；有溃疡病风险的园区，大小伤口都要涂抹伤口保护剂。

常用的伤口保护剂有甲基硫菌灵糊剂，石硫合剂＋凡士林等。

# 十七、猕猴桃授粉

## 178. 猕猴桃花粉如何收集和贮藏？

首先采集含苞待放的铃铛花或初开花（彩图 47），用人工或机械将花苞粉碎，收集花药，均匀地摊在花粉架上，注意厚度不能超过 3 毫米（越薄越好），然后将花药置于 25～28℃的恒温箱中或自制设备中烘干（8～12 小时）（彩图 48），使花药开裂，释放出花粉，过 0.125 毫米孔径网筛收集花粉。在－18℃密封条件下保存待用，一般花粉放 1 年仍能保持较高的活力；短期用可放冷藏冰箱内保存，一周内使用。

不提倡采取日光曝晒的方法炕制花粉，因为强烈的紫外线会极大地伤害花粉活力。不提倡使用电热毯炕制花粉，因为温度控制不均，很容易造成较高温度下花粉失活的情况。（视频 12）

视频 12　授粉

## 179. 低温贮藏后的花粉怎样醒粉？

将冷冻的花粉在使用前 1～2 天放置在冰箱冷藏室，待使用时直接混合辅料即可使用。

## 180. 猕猴桃生产一定要人工授粉吗？

猕猴桃是雌雄异株植物，在生产过程中一般要求园区配备一定比例花期相遇的雄株，在适宜的天气条件下可不用人工授粉。但若雄株雌株栽植比例在 1∶8 以下，或花期天气不良（阴雨天气或遇 15℃以下低温，30℃以上高温）时，需要人工辅助授粉。雄株雌株比例在

1：8以上、分散均匀、花期相遇，且天气条件较好时（气温23℃左右，湿度70％以上，微风，无雨）不用人工授粉，可采取花期放蜜蜂、喷糖水等措施提高昆虫活动，从而提高坐果率。

## 181. 有的果园少数年份出现雌雄株花期不遇是何原因？

可能是雌雄品种对气候变化的反应不同，雄株提早开花或推迟开花；也可能是果园生产管理中对雄株粗放管理、不施或少施肥、修剪不当等，也会出现雌雄株花期不一致的情况。园区可以栽植花期相近的多个雄性品种，同时对雌雄株的管理措施要相同，特别是肥水管理不能区别对待。具体到出现年份，可提前采取浇水降温的方式延后花期，或采取控水结合薄膜覆盖升温的方式提前花期。

## 182. 比较适合机械采集花粉的雄株有哪些品种？

经过笔者团队两年试验研究表明，雄性品种磨山雄3号、磨山雄5号、徐香雄等狝猴桃品种花量大、花朵大，机械制粉时出粉率高。

## 183. 生产上人工辅助授粉的方法有哪些？

生产上主要有如下几种人工辅助授粉的方法。

**(1) 花对花授。**一般在上午露水干后的7时至11时，雌性花蕊具有黏液时授粉。直接采集刚开放雄花，对着雌花柱头轻轻涂抹，完成授粉过程。一般1朵雄花可授6～7朵雌花。这种方法成功率高，但人工成本较高。（彩图49）

**(2) 干粉点授。**用毛笔、烟嘴、海绵、鸭毛等做成简易授粉器点授，即将授粉器插入花粉中轻微转动一下，于刚刚开放的雌花柱头上轻轻碰一下，即可完成该朵雌花的授粉过程。切忌敲打和用力过猛。授粉器要有足够长度的把手，便于对高处的雌花授粉。（彩图50）

**(3) 干粉喷粉。**用专用的授粉器械喷授花粉，每亩用20～30克的纯花粉。如果将花粉与染色石松子粉混合后机械喷洒，喷过花粉的柱头为红色，不会与未授粉者混淆（彩图51，视频12）。

## 184. 人工授粉时花粉用量如何掌握？

成龄果园一般每亩用纯花粉量 20～30 克，根据使用花粉的活力情况调节纯花粉和辅料的比例，可参考下表（表3）。

表3　不同活力花粉与辅料的比例

| 花粉发芽率 | 稀释倍数 | 纯花粉：石松子粉 |
| --- | --- | --- |
| 80％以上 | 10 倍 | 1：9 |
| 70％～80％ | 8 倍 | 1：7 |
| 60％～70％ | 6 倍 | 1：5 |
| 50％～60％ | 4 倍 | 1：3 |
| 40％～50％ | 2 倍 | 1：1 |
| 40％以下 | 用作辅料 | |

## 185. 怎样提高授粉成功率？

①在园区内种植适当比例雄株，一般雄株雌株比例在 1：（5～8），且分布均匀，可以梅花形分布，也可条带分布。②在天气条件较差的情况下，如阴雨天，或温度低于 15℃，或温度高于 30℃时，需要进行人工辅助授粉。在低温条件下不宜采用液体授粉，在高温或干燥条件下园区可喷水降温增湿，提高授粉成功率。③花期放蜂是提高授粉率的有效措施，放蜂的最佳时期是 10％～20％的花开放后，在雌雄花同时开放时搬箱放蜂为好，放蜂量以每公顷不少于 8 箱较为适宜（彩图 52）。蜂箱一般放在果园较温暖和避风的位置，在果园四周种植雄株，有助于蜜蜂传粉，也有利于风力传粉。为吸引蜜蜂活动，花期喷 1～2 次蔗糖水，既为蜜蜂提供食物，也增加花期果园湿度，保持花粉湿润状态，便于蜜蜂采集。

当然，在雄株雌株比例低于 1：8 的园区，均需人工辅助授粉。

## 186. 红阳猕猴桃雄株的花粉能给其他品种授粉吗？

可以。生产上中华/美味猕猴桃雄性品种的花粉均可以给其他品种授粉，不同授粉品种对雌性品种的果实品质的影响不同，但主要表现在内在品质差异上，有的雄性品种对不同雌性品种授粉后的表现差异大，有的雄性品种表现差异小。如现有早花雄性品种磨山雄1号和磨山雄2号均可以为大多数品种授粉，但详细的研究表明，磨山雄1号对黄肉猕猴桃品种授粉的效果更佳，使果肉更黄；而磨山雄2号对红心猕猴桃品种授粉的效果更佳，果肉红色范围加宽，且更呈现黄肉红心。

## 187. 自制花粉的注意要点有哪些？

自制花粉时主要注意以下几点。

**（1）花粉来源。** 为保证花粉不带病，安全，建议集中栽植一片雄株，或果园采用条状种植雄株，便于病虫害防治和采花，所选雄株品种花期早于雌株花期，以便采集花粉当年用；对于专门制粉工厂，则建议种植花期长、花量大、花粉量大的雄性品种，一般要求每斤鲜花出干燥纯花粉4克及以上。早、中、晚开花品种均应配置，早花品种花粉供应当年，晚花品种花粉经冷冻贮藏供应下年。

**（2）花粉质量。** 用于制粉的花质量要优，要求是含苞待放的铃铛花（必须露出大量花瓣）或刚刚开放的花（白色花瓣），太早收集则花粉未发育完全，活力低，过晚收集则花粉散尽，无粉可集。

**（3）制粉环境。** 制粉过程中保持适宜的温度，人工或机械将花的花药和剩余部分分离，收集的花药在 $25\sim28℃$ 条件下烘干爆粉，温度不能过高，否则花粉失活，温度也不能过低，避免时间太长造成霉烂。花粉收集后应及时低温干燥冷藏，长期（7天以上）贮藏的花粉必须在24小时内进入冷冻柜保存；短期（7天内）贮藏的花粉可放冷藏柜保存。

## 188. 花药壳可以作为花粉辅料吗？怎样选择较好的辅料？

如果用花药壳粉碎物作为辅料，则需将花药壳单独粉碎，否则粉碎过程中温度过高会导致花粉失活；其次，花药壳粉碎后同样需要过筛，确保后续使用过程顺畅，尤其是在机械喷授过程中；另外，花药壳比重与花粉比重相差较大，在使用过程中容易分层，需要不断摇晃确保花粉、辅料混合均匀。

目前，生产上使用最多、效果最好的辅料是石松子粉，其比重与猕猴桃花粉相当，颗粒大小相近，且不易吸潮，是猕猴桃花粉辅料的首选。

## 189. 购买商品花粉需要注意什么？

首先要检测活力，即花粉萌芽率，一般要求萌芽率在 60％及以上；其次索要病菌检测报告，要求无溃疡病、软腐病等病菌；最后要求运输时间尽量短，运输包装保冷效果好。

## 190. 不同温度条件下花粉活力变化情况是怎样的？

研究表明，−18℃条件下，花粉活力可维持 1 年以上；6～8℃条件下，花粉活力 7 天下降 50％；20～23℃条件下，花粉活力 3 天即下降 50％。

# 十八、猕猴桃果实管理

## 191. 生产上一定要用 CPPU 等果实膨大剂处理果实吗?

不一定,对大多数猕猴桃品种不提倡用。

大果型品种生产上不需要用 CPPU,国内大多数种植的品种均可不用,如金艳、金桃、海沃德、金魁等品种,且有的品种使用后容易感染病害,如金艳、红阳、金桃等,果实软腐病加重。

CPPU 等生长激素类物质主要针对小果型品种,如红阳、东红等,对红心类型,在增大果实的同时,还可以促进花青素的形成,使红色看起来更鲜艳,可以适当使用,浓度控制在 5~10 毫克/升。

## 192. CPPU 等生长调节剂怎样使用?

生产上用得较多的生长调节剂有 CPPU、KT-30、赤霉素和细胞分裂素等,效果最好的是 CPPU。CPPU 处理时间一般在谢花后 13~20 天,使用浓度 5~10 毫克/升。但实际上每个品种对其反应不相同,有的品种以花后 14 天使用效果最好,而有的品种以花后 20 天或更长时间使用效果较好。早期处理促进增大的效果好,但易发生畸形果,晚期处理促进增大的效果虽有降低,但畸形果比例大大降低。因此建议生产上使用 CPPU 时,可以在自己品种上开展不同处理时间和处理浓度的实验,以找到最佳的 CPPU 处理时间和浓度。

使用时注意天气情况,如遇高温干旱天气,需要避开高温的中午和午后;有的地区习惯在使用 CPPU 的同时添加杀菌剂或杀虫剂,需要注意天气情况及混合浓度提高造成的药害。笔者不建议在使用生长调节剂时添加其他药剂或营养液，容易出现药害或肥害等很多问题。

传统的 CPPU 施用是按一定比例配制好溶液后，用杯状容器单果浸泡 2～3 秒；为节约人工，目前生产上开始使用环状喷头喷施的方法，既提高了劳动效率，又避免畸形果的产生（彩图 53）。

## 193. 如何疏花疏果？

疏花从花蕾花序分离，便于操作时就可开始，直至开花坐果期都可进行，越早越好，要求在无雨的天气，首先疏除畸形蕾、病虫蕾、无叶蕾、侧花蕾、小蕾等（彩图 54），最后根据结果枝的健壮程度留饱满圆润的正常主花蕾 3～6 个，一般中长果枝留 5～6 个，其他弱枝留 3～4 个，留花蕾量是预计坐果量的 130%，灾害性天气多发的区域可适当多留至约 150%。有的品种如金艳，由于营养、修剪及选留枝条等原因，可能会出现较高比例的畸形主花蕾，可以疏除畸形主花蕾，保留个大、饱满的一级侧花蕾（彩图 55）。

疏果在花后 25 天内进行，越早越好，其原则基本与疏蕾一致，首先疏除畸形果、病虫果、侧花果、小果等，最后根据结果枝的健壮程度留个大、圆润的幼果 2～5 个，一般中长果枝留 4～5 个，其他弱枝留 2～3 个，留果量是预计坐果量的 100%。

疏蕾比疏花效果好，疏花比疏果效果好，可以尽早让营养集中供应到所留的花上发育，提高花质量。疏蕾可以使雌株提早约 1 天开花，且开花整齐，花期缩短。同时由于花蕾生长期长，便于人工安排。疏果是疏蕾（花）的补充。

## 194. 怎样提高果实品质？

（1）**改善果园光照条件，增强树势。**冬剪合理、夏剪及时，确保透光率 10%～15%，有利于果实干物质积累。新梢生长量适中，且能及时停止生长，树势保持中庸健壮；负载合理，营养生长与生殖生长平衡，叶内矿质元素含量达到标准值，有利于果实干物质积累。

（2）**科学施肥，适时控水。**任何提高土壤有机质含量的措施，均利于果实品质提高。正常管理条件下，开花前或谢花后 10 天内应及时追施氮、磷、钾平衡肥或高钾高氮复合肥，有利于快速增大果实；花后50天及以后如若追肥则主要施钾肥，不能施氮肥，可提高果实内在品质。幼果迅速膨大期应保持土壤湿润，且灌水均匀；而在果实发育后期（采前10～20天）应保持土壤适度干燥，利于果实糖分积累和花芽生理分化，并提高果实耐贮性。

（3）**防风套袋**。风害较大的区域培植防风林或架设防风网，可有效降低果面风斑；套袋能改善果面光洁度，提高商品性。

## 195. 套袋有哪些优缺点？

套袋可改善果面色泽和光洁度，减少果面污染和农药的残留，预防病虫和鸟类的危害，避免枝叶擦伤等。

如若果园病虫害较少，且树体健壮，叶幕层良好，生长季节无大风危害，可以不用套袋。套袋费时费工，随着人力成本的不断上涨，费用也会越来越高，目前套袋拆袋及材料费用约0.8元/千克，占投入成本的15%。套袋会影响果实糖分积累，与不套袋果实相比，正常情况下可溶性固形物含量降低0.5%左右；同时，套袋影响果肉颜色，会使果肉颜色偏黄，对一些绿肉品种影响较大。

因此，建议主要对红黄肉品种采取套袋，绿肉品种种植区域如果生态条件适宜，病虫害少，果园叶幕层良好，可以不用套袋。

## 196. 何时套袋效果最好？

目前生产上套袋的作用主要是防治病害和虫害，病害以软腐病为主，虫害以果实成熟前危害较重的柑橘小实蝇和吸果夜蛾为主。以防治软腐病为主时套袋时间需要提早，尽量在花后1个月左右进行；以防治实蝇和吸果夜蛾为主时套袋时间可以推迟，采果前50天内套完即可。

## 197. 果袋如何选择？

纸袋的纸质需是全木浆纸，具有耐水性较强、耐日晒、不易变形、经风吹雨淋不易破裂等优点，大多选用单层的棕色袋，内外同一个颜色。猕猴桃不适宜用双层袋或内黑外棕的复合果袋。

## 198. 采前需要解袋吗?

采前是否需要解袋主要根据果园所处的立地条件决定,如果果园处在光照强的区域,采前可不解袋,采收时一起解袋;如果果园处在光照弱、小实蝇等虫害危害轻的区域,建议采果前 15～20 天解袋,让果实在阳光下生长一段时间,促进果实糖分的积累和果面成熟,提升果实品质,增强果面抗性。

## 199. "阳光果"如何在控制病虫害的同时降低农残?

生产上的"阳光果"是指不套袋的果实,因有充足的阳光照射,果面一般颜色更深,而被收购商称为"阳光果"。阳光果生产中最重要的管理是对病虫害的控制,针对不同地区的病虫害发生情况,制定合适的防治方案,加强树体营养供给,提高树体抗性。

采果后是病虫防治的关键时期,加强此期病虫防控有利于降低翌年病虫危害程度;修剪后清理枝条、落叶、老翘皮等病虫越冬场所;冬季清园是病虫灭杀的主要时期,使用 5 波美度石硫合剂全园喷洒,有效降低病虫基数;生长季节使用高效低毒、低残留农药,加大生物药剂的研发和使用,注意药剂的交替使用,采前 20～30 天停止用药。

## 200. 裂果是怎样发生的? 如何防止裂果?

裂果主要是由果肉细胞膨大速度大于果皮细胞膨大速度导致的,常在果实膨大期久旱遇雨或灌溉后发生,因此,此期一定要避免果园土壤忽干忽湿,使土壤湿度保持在 70%～80%,有利于果实和树体的生长。

## 201. 猕猴桃生长季节落果主要原因都有哪些?

猕猴桃生长季节落果的主要原因有以下几点:①雄株配比不够、花粉活力不够、倒春寒、极端高温、花期遇雨等原因导致授粉受精不良都会造成子房不能膨大,幼果脱落;②花期或花后幼果期遇到低温阴雨天气而造成灰霉病或菌核病流行,发病严重时常导致幼果染病腐烂脱落;③硼、钙、镁等中量、微量元素缺乏,导致果心、种子变褐，或果心空洞，幼果在生长 2 个月左右脱落，而果实外观正常；④高温日灼，生长后期感染黑斑病、软腐病，或被实蝇、吸果夜蛾等害虫危害，也会造成落果。

在问题出现后，需要根据具体情况进行分析判断，找出真正原因，提出解决措施，避免类似情况重复发生。

## 202. 怎样的透光率比较适合猕猴桃的生长？

生产上猕猴桃果园合适的透光率为 $10\% \sim 15\%$，此时叶面积指数约为 2.5，叶果比为（4~6）∶1。

## 203. 过旺树势怎样控制？

①生长季节减少化肥施用量，特别是氮肥，可以不施；②树干环剥；③冬季适当轻剪，多留结果母枝，增加下年坐果量，通过以果压枝、以果压树来降低树势。通过以上多种措施最终达到营养生长与生殖生长的平衡。

## 204. 为什么南方部分地区的猕猴桃树不开花或开花不整齐、花期长？

南方部分栽植区域如云南红河、贵州六盘水、赣南等地的冬季温度较高，7℃以下的有效低温时数较少，某些猕猴桃栽培品种花芽分化所需的低温积累不够而导致成花量少，或花期不整齐，开花时间拉长。

## 205. 果实偏小是什么原因造成的？

在正常管理情况下，成年树与幼年树相比，果个略有偏小。

但在树势和树龄相同时，果实比相同品种的其他果树偏小，则可能由如下原因造成：①授粉不良，果实内种子数过少，是产生小果的最主要因素，生产上大果型的果实要求保证每果种子数达 600~1 300 粒较适宜（彩图 56）；②树体秋冬季储存的养分少，导致翌年花的子房小，细胞分裂基数小，合成激素含量低，养分吸收力差，细胞分裂慢，果实就会偏小，甚至导致脱落；③蕾期至幼果膨大期干旱或缺肥，同样容易产生小果，或这时期花量过大、坐果量过大，而营养又没有跟上，也会导致果实偏小；④如果坐果量太少，会造成营养生长过旺，也会影响果个增大；⑤管理中如出现病虫危害、药剂危害也会影响果实的大小。

## 206. 怎样判断树体坐果量或园区产量？

在正常修剪条件下，可以对留下的结果母枝统计其饱满芽个数，再根据不同品种的萌芽率、果枝率及每果枝结果数、平均果重等坐果特性，确定每株树翌年预计的坐果量和单株产量。如东红冬季修剪后，每亩留了1万个饱满芽，则翌年预计的结果枝有6 000个，每个结果枝平均坐果4个，则每亩可以坐24 000个果实，则每亩产量约2 100千克。

园区的产量可以根据园区的大小或不同区域的表现情况，分成情况相近的若干测算小区，每个小区内随机选择一定比例的树体按以上方法测算株产，根据每个取样小区的果树数量即可计算出小区产量，进而得出园区产量。

# 十九、猕猴桃主要病害及防治

## 207. 猕猴桃主要病害有哪些？

目前猕猴桃的主要病害有：细菌性溃疡病、花腐病、根癌病；真菌性果实软腐病、蒂腐病、黑斑病、根腐病、炭疽病、灰斑病、褐斑病、灰霉病、菌核病、膏药病、立枯病、白粉病；病毒病；根结线虫病等。

## 208. 影响产业发展或果实品质的两大重要病害是什么？

影响产业发展或果实品质最主要的两大病害是细菌性溃疡病和真菌性果实软腐病。细菌性溃疡病发生范围广、传播速度快、致病性强，且防治难度大，可在短期内造成园区植株大面积死亡（彩图57、彩图58）；果实软腐病是来自田间却影响果实采后贮藏性的隐秘性真菌病害，是目前造成我国猕猴桃采后腐烂损耗最重要的因素之一（彩图59）。

## 209. 细菌性溃疡病的发生条件是什么？其防治方法有哪些？

细菌性溃疡病的发生一般受气候因素和农艺措施的影响。多雨天气、低温高湿、春秋季气温突降、冬季持续低温等极端天气导致树体造成的伤口极易诱发溃疡病，尤其是春季发生的溃疡病大多是由冬季极端低温或春季倒春寒、高湿导致的；超负荷坐果、树体老化、种植密度过大都会加重病害的发生。

细菌性溃疡病的防治应以预防为主，农业防治和化学防治相结合。

（1）**农业防治**。选择高抗品种，根据适种适栽原则选择品种或区域；加强苗木、接穗和花粉的检疫，选用健壮无病苗木建园；加强栽培管理措施，多施有机肥，增强树势，加强果园防冻、防风措施和水分管理；减少农事操作传染，不串用工具，加强入园人员的消毒措施；冬季应预防树体受冻，彻底清园，加强病虫防治，减少伤口和传染途径。

目前较为有效的防控方法就是架设避雨棚，可以根据果园的具体情况选择合适的材料和搭建方式；同时，为避免病害传播，果园四周及行带间架设防风网也是较为有效的防治有段。

（2）**化学防治**。实行全年药剂覆盖，注意药剂轮换使用，严格控制浓度。采果后 9—12 月喷施 2～3 次铜制剂，并在落叶前用高浓度药剂涂抹树干，可以用铜制剂或生物制剂；冬季清园之后，全园喷洒 1 次 5 波美度石硫合剂；萌芽前喷施 3 波美度石硫合剂 1 次；早春发病期，发病轻微的枝条可剪除烧掉，对于发病比较严重的植株，可以直接将主干剪至健康部位以下 30 厘米左右，再涂上松脂酸铜、氢氧化铜等铜制剂进行防治，如果主干上几乎没有健康部位，则可将植株整体剪除烧掉，并对土壤进行消毒，剪下的病枝带离果园烧毁，并对工具进行消毒处理；萌芽至开花期间，可在展叶期和露瓣期各喷施 1 次杀菌剂；在采果前 20～25 天可喷施 1 次生物杀菌剂，如四霉素、中生菌素等。

## 210. 果实软腐病的发生条件是什么？其防治方法有哪些？

果实软腐病的发生条件：病原菌潜伏在枝条上越冬，在第二年花期时侵染花蕾，并在开花坐果期从花蕾转移到幼果上，潜伏在果实的表皮下，发病严重时采前导致落果，轻微时则会在果实采收后表现出腐烂症状；另外，如果果实表面有伤口，病原菌也可以从伤口侵入导致果实腐烂；当开花坐果期雨水严重时，果实软腐病的发生显著加重；幼龄果园发病轻，随着树龄的增加，发病程度逐渐加重，老果园、郁闭果园发病重。

果实软腐病的防治方法如下。

（1）**农业防治**。选用抗性强的品种，加强田间管理，合理设置种植密度；加强冬夏季修剪，改善果园通风透光条件；多施有机肥，增施磷肥和钾肥，不偏施氮肥，及时补充微量元素，如硼、铁等；发病严重的区域可利用果实套袋来减轻病害的传播；采收及运输过程中应尽量避免果实碰撞，减少机械损伤；入库前对果实进行严格挑选，尽可能在采收后 24 小时内入库，并在 1～3℃低温保存；蕾膨大期至幼果膨大期避雨，可以减轻病害的发生。

（2）**化学防治。** 每种药严格按照使用说明使用，每次轮换使用不同药剂。在冬季修剪之后，全园喷洒 1 次 5 波美度石硫合剂；萌芽期至展叶期、露瓣期至初花期各喷施 1 次杀菌剂，如遇降水，降水后应补喷，可选用异菌脲、噻菌铜、代森锰锌、苯菌

视频 13 软腐病的发生与防治

灵等药剂；谢花后立即喷施 1 次，以后每隔 7～10天喷施 1 次直到套袋，选用噻霉酮、嘧菌酯、氟硅唑、苯醚甲环唑、多抗霉素、肟菌酯、异菌脲等；套袋前一天应对树体、果实喷施 1 次广谱性杀菌剂和杀虫剂；对于抗病性差的品种如红阳等，在套袋后至采果前 30 天内再喷施 2 次左右，采果前 20～30 天内不应再喷药，如果喷药，建议用生物药剂。采果后对全园喷施波尔多液。（视频 13）

## 211. 黑斑病的发生条件是什么？其防治方法有哪些?

猕猴桃黑斑病也是生产上高温季节的一大重要病害，其发病率与降水密切相关，特别是夏秋高温季节遇到阴雨绵绵天气且园区排水不畅时极易发病，且扩散速度较快。其不仅危害果实，对叶片、枝干都有严重危害。种植密度过大、枝叶茂密、棚架低矮或杂草丛生的果园，发病较为严重（彩图 60）。

视频 14 黑斑病的发生与防治

黑斑病的防治方法可参照果实软腐病。（视频 14）

## 212. 其他果实病害及防治方法有哪些?

猕猴桃其他果实病害主要是菌核病、灰霉病、花腐病，多在低温阴雨的花期前后混合发病（彩图 61），选用的药剂有腐霉利、异菌脲、嘧霉胺、乙烯菌核利等；另外还有蒂腐病、青霉病等，在采收及

采后贮藏不当时经机械伤口侵入引起（彩图62）。防治方法同样采取农业防治和化学防治相结合，与灰霉病、菌核病、果实软腐病协同防控。同时，应避免在果皮含水量多的情况下（雨后或雾天）采果；采收、运输及包装过程中尽量防止果实损伤；入库前进行严格挑选，合理愈伤或采后24小时内尽快入库，1～3℃低温保存；果筐、果窖及贮藏库在使用前应进行消毒。

## 213. 根腐病的发生条件是什么？其防治方法有哪些？

根腐病主要由带病苗木传染，或根系长期生长在高湿土壤环境中引起，土壤耕作或地下害虫均可传播病原菌。土壤黏重、地势低洼、地下害虫猖獗、排水不良的果园易发病；植株伤口多、根颈部位埋入土下时易感病；尤其在高温高湿的夏季，病害发生迅速，易造成整树死亡。

防治方法采取农业防治和化学防治相结合。

**（1）农业防治。**培育无病健康苗木，应选抗涝性强的砧木；避免低洼处建园，果园及时排水；苗木栽植时切忌根颈深埋；植株感病后应及时拔出，消灭地下害虫，可用生石灰消毒。

**（2）化学防治。**栽植前用70%甲基硫菌灵可湿性粉剂500倍液或20%石灰水或10%的硫酸铜溶液浸根1小时；植株根颈部初发病时，可先将病组织刮除，然后用70%甲基硫菌灵糊状药剂涂抹并用薄膜包裹；健康株与病株之间挖深沟封锁；地面较干时可采用50%代森锌200～400倍液或70%甲基硫菌灵600倍液灌根；地上部分出现轻度萎蔫时，需要及时摘除果实，回缩外围枝条降低蒸腾对根系的压力。（视频15）

视频15 根腐病的发生与防治

## 214. 常见叶部病害的发生条件及防治方法有哪些？

猕猴桃常见叶部病害主要有炭疽病、褐斑病（彩图63）、灰斑病、病毒病等，溃疡病、黑斑病、灰霉病也可危害叶片。叶部病害一般在高湿条件下容易发生，且扩散速度较快。种植密度过大、棚架低矮和透光不良的果园发生严重。叶部病害除细菌性溃疡病和病毒病外，其余多为真菌性病原导致，大部分可与果实真菌性软腐病同防同治。但灰霉病的化学防控需要区别对待：灰霉病一般发生在花期前后阴雨天较多的条件下，用药可选择腐霉利、嘧霉胺、异菌脲等。

病毒病在近些年生产中较为常见，虽危害较轻，但需要重视防控，如有发现要及时摘除病叶或剪除病枝销毁，工具消毒，避免传染；同时园区喷施氨基寡糖素、宁南霉素等进行防控和治疗。

### 215. 常见枝干病害的发生条件及防治方法有哪些？

猕猴桃常见枝干病害有溃疡病、黑斑病和膏药病，前两者发生条件和防治方法见前文溃疡病和黑斑病。膏药病的发生和枝干粗皮、裂皮等典型缺硼症伴生，或与介壳虫、叶蝉严重发生相伴生，果园排水不良、土壤黏重、通风不畅的郁闭果园也易发病。

防治膏药病采取农业防治与化学防治相结合。

（1）**农业防治**。改善果园通风条件，加强修剪，及时清理病残枝并烧毁；多施有机肥，及时补充微量元素，如硼、铁等，增强树势；对介壳虫或叶蝉等传播源及时防治。

（2）**化学防治**。生长季节先刮除病斑，再涂抹常规的真菌防治药剂，冬季用1∶20石灰乳或3～5波美度石硫合剂涂抹病灶。

### 216. 病害的综合防治怎样实施？

采用"预防为主，综合防治"的策略，坚持农业防治与化学防治相结合，加强田间科学管理，配合适当药剂提前防控。

采取冬季翻土晾晒、冻土，去除老树皮等物理防控；多用有机肥，控氮增磷钾，提高树势和抗性；合理修剪、避免过度郁闭；合理负载，保持营养生长和生殖生长的平衡；合理用药，选用高效低毒低残留农药，每种农药在一个生长季最多用两次，避免重复使用作用机制和类型相似的农药；重视清园，可用5～6波美度石硫合剂。

### 217. 哪些猕猴桃品种抗溃疡病？

根据前期研究结果，总体而言，美味猕猴桃类型抗溃疡病强于中华猕猴桃类型，同一种类中多倍体品种的抗性强于低倍体品种，但不同品种间表现不同。根据笔者团队近几年鉴定结果及统计田间表现发现，溃疡病抗性较好的品种有金魁、翠玉、华特、徐香、米良 1 号、秦美、海沃德、翠香、魁蜜等。

## 218. 哪些猕猴桃品种抗果实软腐病？

根据国家猕猴桃种质资源圃对园内收集的 50 多个品种鉴定，结果表明对果实软腐病抗性较好品种为川猕 2 号、东红、和平 1 号、建科 1 号、长安 1 号及金丰等。这些品种中仅东红是目前主栽品种，这几年从大型收购销售企业的反馈中也证明了东红品种高抗果实软腐病，采后贮藏损耗小。

# 二十、猕猴桃主要虫害及防治

### 219. 猕猴桃主要虫害有哪些？

危害猕猴桃的主要虫害有以下几类。

（1）**介壳虫类**。以危害猕猴桃的叶、叶柄、藤蔓和果实为主（彩图64），如桑白盾蚧、草履蚧、考氏白盾蚧等。

（2）**叶蝉、蜡蝉类**。叶蝉主要危害叶片（彩图65），有小绿叶蝉、桃一点叶蝉、假眼小绿叶蝉、葡萄斑叶蝉、猩红小绿叶蝉和大青叶蝉；蜡蝉主要危害猕猴桃的果柄和茎干，如广翅蜡蝉、斑衣蜡蝉等。

（3）**蛾类**。葡萄透翅蛾，主要危害嫩枝；苹小卷叶蛾，主要危害花蕾，嫩叶和幼果；蝙蝠蛾，主要危害树干和主蔓基部；吸果夜蛾类，主要危害果实；斜纹夜蛾，主要危害叶片、花、花蕾和果实；蓑蛾，主要危害叶片和茎干皮层（彩图66、视频16）。

视频16 蛾类的
发生与防治

（4）**金龟子类**。成虫主要危害叶片及嫩芽，幼虫在土中危害根系或幼苗，常见有斑喙丽金龟、白星花金龟等（彩图67）。

（5）**其他有害生物**。蟓主要危害叶片、果实等，小薪甲主要危害果实，柑橘大灰象甲主要危害叶片及嫩梢，实蝇主要危害近成熟果实，蚜虫主要危害叶片及嫩梢，天牛主要危害茎干，蜗牛主要危害嫩梢、叶片、花蕾、果实等。

### 220. 小实蝇的发生条件及防治方法有哪些？

小实蝇的发生与温度和降水量密切相关。一般温度低于14℃时，成虫会停止活动，一旦温度高于 14℃，成虫即可飞翔觅食。降水过多会导致小实蝇的大量繁殖。

防治方法：果实套袋，清洁果园，及时清除虫果，统防统治。诱杀成虫，当性成熟雄虫超过 20％时，使用药剂防治，可用加入 3％红糖的 90％敌百虫 1 000 倍液制成毒饵喷洒在树冠浓密的荫蔽处，连续喷施 3～4 次；用喷过甲基丁香酚的黄板诱杀雄虫。温度达到 26℃时，全园用毒死蜱喷洒土壤表层及周边空地，7～10 天喷 1 次，连喷 3 次。（视频17）

视频 17 介壳虫、金龟子、实蝇发生及防治

## 221. 介壳虫的发生条件及防治方法有哪些?

介壳虫一般发生在温度适宜、湿度较大的环境，温度过高或过低都会导致若虫的大量死亡，湿度大有利于其繁殖。有些介壳虫是随动物生粪进园的，如草履蚧，应杜绝生粪进园。

防治方法：①合理设置种植密度，加强夏季修剪，改善果园通风透光条件；②在冬季或早春萌芽前，可人工抹杀掉树干或枝条上的越冬介壳虫；③冬季清园后可喷施 5～6 波美度石硫合剂或 20％松脂酸钠溶液；④在各代产卵后期及幼龄若虫期，用常规杀介壳虫药剂如噻嗪酮、螺虫乙酯等适时进行喷药防治。（视频17）

## 222. 叶蝉的发生条件及防治方法有哪些?

叶蝉的发生与温度密切相关，冬季温暖，春季开春早，气温回升快有利于叶蝉越冬，夏季和秋季气温偏高、干旱有利于叶蝉的繁殖和扩散。

防治方法：改善果园通风透光条件，冬季及时清除杂草，消灭越冬虫源；若虫发生期可喷施 5％除虫菊素乳油 800～1 000 倍液、48％毒死蜱乳油 1 500 倍液或 10％氯氰菊酯乳油 3 000 倍液等。

## 223. 斜纹夜蛾的发生条件及防治方法有哪些?

斜纹夜蛾的发生一般与温度和湿度有关，其生长发育的最适温度为 28～30℃，相对湿度为 75％～85％。温度过高或过低都会影响卵、

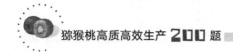

蛹和幼虫的发育。

防治方法：利用成虫的趋光性、趋化性进行诱杀，可采用黑光灯或糖醋液加少许红糖、敌百虫进行诱杀；结合田间管理进行人工摘卵；在各代幼虫期，喷施高效氯氰菊酯乳油、甲氨基阿维菌素苯甲酸盐等进行防治。

### 224. 金龟子的发生条件及防治方法有哪些？

金龟子的发生与高温高湿相关，成虫在闷热的傍晚，特别是在雨后转晴会大量羽化出土，夏季成虫产卵。

防治方法：果园避免施用未腐熟的粪肥，秋冬全园深翻，挖除越冬虫源；利用其趋光性用黑光灯诱杀；成虫发生期，于清晨或傍晚震落捕杀，可用敌百虫做毒土、毒饵诱杀；傍晚喷施毒死蜱、高效氯氰菊酯乳油等。（视频17）

### 225. 土壤害虫有哪些？如何防控？

土壤害虫种类很多，主要有蝼蛄、蛴螬、金针虫、地老虎、根蛆、根蝽、根蚜、拟地甲、蟋蟀、根蚧、根叶甲、根天牛、根象甲和白蚁等。防治上应农业防治和药剂防治相结合。

①秋季适当深翻，抑制害虫的发育和繁殖；②适时灌水和除草，施用有机肥料必须充分腐熟，不腐熟的有机肥料，特别是粪肥，常诱发多种害虫；③用敌百虫粉剂、敌磺钠等处理土壤，与细土拌匀，直接撒施翻入土中或开沟撒入，也可与肥料混合，作基肥或追肥施入土中；④人工捕捉幼虫或成虫；⑤冬季开始结冰时将土壤翻起，利用冬季低温和雨雪杀死虫卵。

### 226. 猕猴桃检疫性虫害有哪些？

猕猴桃检疫性虫害有柑橘小实蝇、美国白蛾等。

### 227. 虫害如何综合防治？

虫害的综合防治主要是农业防治与化学防治相结合。

**（1）农业防治。** 加强苗木检疫和田间管理；人工抹杀、灯光诱杀、植物诱杀、果实套袋、保护和利用天敌；冬季翻土冻土，杀灭虫卵；清洁果园，刮除树干老翘皮；使用充分腐熟发酵的有机肥料，施基肥时可加入少量具有杀虫性的油茶饼肥，降低肥料带虫入园风险等。

**(2) 化学防治。**冬季清园后喷施 5～6 波美度石硫合剂；根据不同种类害虫的生活史，有针对性进行化学药剂的喷施，达到有效防控；可选用的药剂有毒死蜱、噻嗪酮、除虫菊素、氯氰菊酯、溴氰菊酯等，见虫治虫，交替用药。

## 228. 冬季清园如何处理枝条？

冬季一定要进行清园，在修剪完成后将园内病残枝和落叶清除至园外集中处理，全园（树体及地面）喷洒 5～6 波美度石硫合剂 1 次，可减少病虫害的越冬源，提高猕猴桃病虫害的预防效果。但若园区管护比较到位，病虫害发生较少，可以将修剪下的枝条进行就地粉碎，并结合冬季翻土，直接翻埋到地下，提高土壤的通透性和有机质含量。

## 229. 喷施农药的注意事项有哪些？

为达到农药的使用效果、确保管理人员的安全，在喷施农药的具体操作过程中一定要注意以下 5 点。

（1）配置农药时要认真阅读使用说明书，严格按照说明浓度进行农药配制，避免接触，喷施农药时操作者要站在上风口位置，避免误吸农药引起中毒。

（2）孕妇和哺乳期妇女不能参与配药，盛药水的桶避免污染水源。

（3）配制人员必须掌握和熟悉所用农药的性能和所需技术。

（4）药剂现用现配，喷雾器不宜装得太满，少量剩余和废弃的农药应深埋。

（5）避免高温时间进行喷药，喷药后若发生降水，需要根据喷药时间和农药性质确定是否需要补喷。

# 二十一、灾害性天气对猕猴桃生产的影响

## 230. 灾害性天气有哪些类型？

灾害性天气有暴雨、冰雹、大风、寒潮、霜冻、暴风雪、高温暴晒等，一般具有突发性，极大程度影响猕猴桃产量及果实品质，要从栽培、田间管理和病虫害防治等方面预防灾害性天气引起的危害，减少经济损失。

## 231. 低温冻害和冷害的症状有哪些？两者有何差别？

冻害是指猕猴桃树在越冬期间遇到 0℃以下低温或剧烈变温或较长期处在各品种的适宜极端低温以下，造成树体冰冻受害现象。霜冻害是指树体在生长期夜间土壤和植株表面温度短时降至 0℃及以下，引起幼嫩部分遭受伤害现象，是短时低温而引起的植物组织结冰的危害。冻害和霜冻害的受害部位主要有根颈、枝干、皮层、一年生枝、花芽、花蕾等，冻害和霜冻害往往造成树皮伤裂，枝蔓干枯，根部腐烂，新梢、花蕾、叶片受冻；轻者导致长势衰弱、减产，重者导致绝收，果肉和果心木质化，进而腐烂。

冷害是指猕猴桃树在 0℃以上的低温条件下，由于温度的急剧变化造成伤害。主要发生在萌芽至开花坐果期间，引起树体生长发育延缓，生理代谢阻滞，造成产量降低、果实品质变劣。在猕猴桃的萌芽开花期常易遇到突然的降温，直接影响花的形态分化、花粉停止生长或胚珠中途败育，授粉、受精不良，嫩叶受冷害而萎蔫。严重时当年绝收，甚至出现整树死亡。

## 232. 怎样预防倒春寒、晚秋冻害等？

**（1）选择抗寒品种。**根据当地的自然条件、气象特点选择合适的猕猴桃品种，如在易受冻地区，宜选择抗寒性极强的软枣猕猴桃类型，而在高寒山区宜选择抗寒性强的美味猕猴桃类型品种，如金魁、海沃德等。抗性较好的中华系品种金桃、翠玉、皖金等，可以种植在安徽、河南等地。

**（2）科学选址。**低洼地冷空气易聚集，常造成冻害、霜冻害，建园时尽量选择地势平坦、开阔的地块，不在低洼地建园。

**（3）提高树体的抗寒能力。**加强树体的综合管理，提高体内营养积累水平，克服过量结果和大小年结果现象，后期避免氮肥施用和灌水过量，保证树体正常进入休眠，以增强抗寒力。

**（4）营造防护林。**防护林既可防风，又可增加防护林内的温度，缓和气温剧变幅度，从而减轻冻害或霜冻害程度。

**（5）加强抗寒栽培措施。**

①早春灌水。如有寒流或霜冻到来，可提前浇水，抑制根系活动，延迟萌芽。

②培土保根颈。用细土将植株离地面以下 20 厘米以内的部分进行覆盖防寒（重点保护嫁接口），并用长、宽各 80 厘米以上的白色薄膜覆盖树盘。

③保护树干，对成龄树冬季进行树干涂白，尽量涂抹至主蔓分权口附近；用稻草、麦秸等将植株主干包裹 1.5 米左右长度，厚度 3 厘米以上，外包白色薄膜以隔离和增温。

④喷防冻剂和蔗糖液。冻害发生前，全树喷防冻剂，有螯合盐制剂、乳油胶制剂和生物制剂，也可喷布噻苯隆或芸薹素内酯等；冻害来临前一天下午或傍晚对树体喷 0.3%～0.5% 蔗糖水溶液也有一定效果。

⑤熏烟促增温。在猕猴桃园行间每隔 20 米（或园区上风口）堆放潮湿的秸秆、树叶等，或在用烟煤做的煤球材料中加入废油，或用硝酸铵、锯末、废柴油（分别占 20%、70%、10%）混合在一起装入编织袋，于夜晚点燃以增温，以暗火浓烟为宜。

### 233. 涝害有哪些症状？

降水时园区排水不畅，根部缺氧，造成猕猴桃根系呼吸不良，病菌繁殖加速并侵入根部，引起根腐病。猕猴桃遇到涝害后会出现叶片黄化、干枯、脱落的症状，严重时植株死亡。幼果期长期干旱后突然暴雨，易引起裂果，病害加重（彩图68）。

### 234. 旱害有哪些症状？

猕猴桃树无论是幼龄树还是成龄树，遭遇旱害表现的症状为叶片干枯萎蔫、叶缘内卷，有时叶缘呈烫伤坏死状，严重时脱落（彩图69）；受害果实花柱端易皱缩，表面发生日灼（彩图70）。如果长期没有水源灌溉，则整株干枯死亡。

### 235. 冰雹危害有哪些症状？

猕猴桃遭遇冰雹表现为树干枝皮不同程度被砸裂，树枝折断，叶片大面积缺失破碎，花蕾破碎凋落，果实生长期遭遇冰雹则造成果实打落，果面受伤，严重影响当年产量和果实品质，甚至影响第二年的树势和产量（彩图71）。

### 236. 风害有哪些症状？

猕猴桃遭遇风害表现的症状为叶片碎裂干枯脱落、新梢枯萎、嫩枝折断，果实因与铁丝、枝条、叶片或果实之间摩擦造成果面伤疤（彩图72）。如果受害严重，植株主干折劈，果园支架倒塌，整片果园倒伏，果园绝收。

### 237. 花期持续低温、阴雨对猕猴桃开花结果有哪些不利影响？

花期持续低温、阴雨，会导致花期延长，增加组织感染花腐病、灰霉病和菌核病的概率；花蕾感染病害后，不能正常开放，已开放的花出现腐烂症状；子房或幼果感染病害后，造成幼果脱落，感病较轻的果实则会在果面留下褐色或深褐色病斑，不能正常入库贮藏或销售；染病的花瓣、花蕊等掉落黏附到叶片上，导致叶片发病。

同时，低温、阴雨影响自然传粉和人工授粉，降低坐果率，造成减产；授粉不充分致使受精率降低，果实内种子数减少，果实偏小或出现畸形果，降低果实商品率，影响果园效益（彩图73）。

## 238. 采收前后连续阴雨对果实品质有哪些不利影响？

采收前后连续阴雨或灌水较多，果实含水量较高，果面病原微生物较多，采后极易后熟和腐烂，发生软腐病、蒂腐病和青霉病等，造成果实品质和耐贮性均降低。

雨后充足的水分促使果肉细胞迅速膨大，并在皮层产生很大的张力，此时的果实在采收、分选、装箱、运输等操作中更容易遭受机械损伤，受伤后的果实不仅呼吸强度、乙烯释放量增加从而加快果实衰老、降低抗病性，而且伤口又为病原菌的侵入打开了方便之门，最终导致贮藏期间侵染性病害的蔓延和腐烂率的增加。

## 239. 果实生长期遇高温强光有哪些受害症状？

猕猴桃果实生长期遇高温强光很容易产生日灼危害，受害症状为果皮阳面受伤，颜色变红褐色或褐色，果肉组织变褐并坏死，果面微凹，易引起果实腐烂，降低果实产量、品质和贮藏性能，严重者会发生严重落果。叶片遇高温强光，则边缘刚开始水渍状失绿，变褐发黑，之后叶片边缘变黑上卷，呈火烧状，严重时引起落叶，甚至导致植株死亡。枝干受强光照射时，皮层初期变红褐色，后期开裂，严重时韧皮部坏死，露出木质部。

如果强光没有直射果面，高温亦会导致果实受伤，果面常出现多个凹陷，凹陷部位颜色较深，果肉组织老化坏死（彩图74）；如遇高温阴雨天气，病原菌易侵染果实受伤组织，造成果实腐烂、落果等。

## 240. 提高树体抗性的药剂有哪些？

提高树体抗性的药剂有芸薹素内酯、氨基寡糖素、苯并噻二唑、噻苯隆等，而根本措施是加强栽培管理提高树体自身的营养水平，从而增强其对逆境的抵抗力。

## 241. 为规避自然灾害常采取的设施栽培措施有哪些？

为规避自然灾害常采取的设施栽培措施有避雨棚、防雹网、遮阳网、防风网或防风林、温室大棚等。

各种规格的避雨棚或温室大棚是抗寒性较差、抗溃疡病能力较差的品种应对冬季低温和倒春寒而采取的措施，当然也会有利于花期病害的防控、避免了花期遇雨对授粉效果的负面影响、利于各项农事操作等；防雹网是主要在冰雹较易发生的区域设置的应对措施，除了有效降低冰雹危害外，还会起到改善网内生态环境的效果，如高温季节降温、保湿、防日灼等，低温季节则有增温作用；防风网或防风林主要是在有风害的区域的果园周边及大型果园内设置的保护措施，防止大风吹断枝条、吹掉果实，降低风斑果的比例，同时降低大量随风雨传播的真菌或细菌病害的蔓延。

不论哪种设施栽培，均应请专业人员建设基础设施，要能抵抗大风大雪等。同时要根据投入产出的性价比来决定是否采取设施栽培，尽量遵循适种适栽的原则来选择品种，采用露地栽培，降低田间生产成本。

# 二十二、猕猴桃生产上常发生的营养失衡及纠正方法

## 242. 生产上常见的缺素症状有哪些？

生产上常见的缺素症状有叶片脉间失绿，或者大面积黄化，叶片边缘卷曲；枝条干枯，主干上粗下细，皮孔粗大并开裂，树势弱；花芽分化不良，开花延迟，花朵萎缩，落叶、落果等。（视频18）

视频 18 猕猴桃缺素症及纠正

## 243. 容易混淆的缺素症状有哪些？怎样分辨？

缺氮、缺铁、缺硼、缺镁、缺锰等均会导致叶片黄化失绿，可以根据具体细节进行分辨。缺氮表现为枝条基部成熟叶片不同程度黄化；缺铁症状为幼叶大面积失绿黄化，随后叶脉也变成黄色，严重者整个叶片黄白色，有时出现褐色坏死斑块；缺硼的叶片散生黄色小斑点，随着症状加重，斑点连成片，叶片畸形扭曲；缺镁多发生在较老的叶片上，叶脉间叶肉失绿黄化，靠近主脉基部呈现较大块的绿色，有时靠近叶缘2厘米左右的组织保持绿色，而其内侧的组织开始坏死渐变为褐色斑块，呈现明显的马蹄形；缺锰类似于缺镁，但其发生在新成熟的叶片上，而且叶脉间的失绿组织范围较大，不会在靠近叶柄处留有较大块的绿色组织；缺钾发生在老叶上，与缺镁、缺锰症状的不同在于叶片脉间失绿组织病健交界较为模糊，脉间组织隆起，而且叶缘常卷曲，发生褐色坏死。

## 244. 猕猴桃树在哪些土壤上易出现缺硼症状？如何纠正？

轻度粗糙的沙壤土，缺乏有机质、pH超过7、过于干旱的土壤，

都会降低土壤中硼化合物的溶解性。在过量施用石灰即钙质过多的土壤，植株根系也不易吸收硼，导致缺硼。（彩图 75）

田间多施有机肥，增加可给态硼的含量。土施硼砂，也可叶面喷施硼酸、硼砂、多聚硼等化合物，纠正缺硼的状态。但需注意的是，施用硼肥时要严格按照产品说明使用，并尽量按说明中的低浓度使用，少量多次改善缺硼症状，一次施多容易引起树体硼中毒；一般每棵树根据树龄大小施硼肥 5～20 克，小树少些，大树多些；休眠期可结合施基肥施入土壤中，生长季节可叶面喷施。

## 245. 猕猴桃树在哪些土壤上易出现黄化症状？如何纠正？

在氮素不足、钾素不足、土壤板结、积水严重的地块上，树体易出现黄化症状；含钙过多的碱性土壤和含锰、锌过多的酸性土壤，铁元素变为沉积物，不能被猕猴桃吸收利用，树体也易发生黄化（彩图 76）；化肥施用过量或使用未经腐熟的有机肥，造成烧根，可诱发黄化；猕猴桃根部病害如根腐病、根结线虫病等，引发树体生理性缺素症，造成树上叶片黄化。

纠正黄化症状，可从以下几方面综合治理：

（1）平衡施肥，增施有机肥，增加土壤有机质含量，做到氮、磷、钾配合，大量元素与微量元素配合；

（2）果园土壤偏碱时，冬季亩施 25～50 千克硫黄粉，调节土壤 pH，在碱性土壤中可以土施螯合态铁肥 EDDHA-Fe，纠正缺铁性黄化效果极佳，而在酸性土壤中可施硫酸亚铁、螯合态铁肥 EDTA-Fe，纠正缺铁性黄化效果较好；

（3）科学灌水，易积水果园推广渗灌或滴灌，避免大水漫灌，加强排水；

（4）药剂防治，因病理因素诱发的生理性黄化，在剪除病根、刮除病皮的基础上，用对应药剂针对性地灌根 2～3 次。

## 246. 生产上常出现的中毒症有哪些？症状是怎样的？

生产上常出现的中毒症有硼中毒和锰中毒。硼中毒症状先出现在老叶上，从叶缘开始到叶脉间褪绿，然后呈现黄褐色坏死斑，整片叶沿着叶脉干枯并脱落。锰中毒症状为老叶正面沿主脉集中呈黑色，附近组织变深褐色，叶背紧靠主脉两侧聚集大量不规则白色絮状物，重病植株果实发育不良，果面灰褐色，商品性低。

## 247. 怎样处理中毒症后遗症？

针对不同的中毒原因对症处理后遗症。针对硼中毒，用清水多次灌溉，充分淋洗土壤；或施用三异丙醇胺与硼酸形成螯合物以降低有效硼含量；适当施用石灰减轻硼毒害。

针对锰中毒，其多发生于严重酸化的土壤上或排水不良的果园中，可通过施用石灰提高土壤 pH，以减少可溶性锰含量；或用草木灰加微量元素肥或大理石粉撒施于树盘周围缓解症状；科学灌水，加强排水；病情严重的植株可直接挖除，改土后重新栽种。

# 二十三、猕猴桃采收、贮运和包装

## 248. 怎样判断果实采收期？

通常以果实内在生理指标、果实生育期或果实脱落难易程度三个方面作为判断果实采收期的依据，其中，以果实内在生理指标为主。作为果实采收期判断依据的内在生理指标主要包括干物质含量、可溶性固形物含量、果肉硬度及果肉颜色（俗称色度角，主要针对黄肉品种）等，这些指标通常称为采

视频 19　果实采收指标确定

收指标；其中，采收时干物质含量是决定果实后熟风味品质的最重要因素，即果实采后是否可食用的决定因素，可作为第一参考指标；在干物质含量达到基础值后，再兼顾可溶性固形物含量、果肉颜色、果肉硬度等。以东红为例，当干物质含量达到 17.0％的采收标准后，可溶性固形物达到 7％的早采果实可短期贮藏，尽快入市销售，而要长期贮藏的果实则要求可溶性固形物含量达到 8％以上、果肉硬度在 40 牛顿（硬度探头直径为 8 毫米，下同）以上采收。不同猕猴桃品种或不同地区的同一品种，其具体的采收指标数值也不尽相同，需要区别对待（视频 19）。

## 249. 果实何时达到采收成熟度（即果实采后后熟时风味达到食用标准）？

猕猴桃作为呼吸跃变型果实，具有下树后熟（软熟）的特性。只要果实达到生理成熟条件，采收离树后经过一段时间存放即可达到食用软熟状态，此时的干物质含量即为成熟度基础指标。猕猴桃果实达到生理成熟阶段的条件为果实种子充分成熟（变黑或褐），淀粉含量达到最大值，可溶性固形物含量进入快速上升期（视频20）。

视频 20　果实品质评价指标

## 250. 果实过度早采（未达采收成熟度）有什么不良后果？

猕猴桃果实过度早采带来的不良后果众多：①果实重量减少，产量和产值相应降低；②果实淀粉积累不完全，果实软熟后糖度低，风味淡，口感酸涩，果实质量下降；③贮藏期冷害风险极高，采后损耗较大；④果实采后不能正常软熟，特别是经 1-甲基环丙烯（1-MCP）处理的过度早采果实；⑤为了短暂的蝇头小利，过度早采进入市场，不仅使消费者重复购买意愿下降，而且严重伤害了国产猕猴桃的口碑和信誉，阻碍我国猕猴桃产业的健康持续发展。

## 251. 果实晚采有什么优缺点？

猕猴桃果实晚采的优点主要包括：①最大程度体现该品种果实的最佳风味品质，使得果实芳香浓郁，酸甜可口，质量上乘；②果实采收时成熟度高，贮藏冷害发生率低；③错开集中采收期，扩宽采收窗口期，利于合理安排人力、物力及后勤保障；④极度晚采的果实可以在树上达到软熟状态，采后直接食用，有利于观光采摘。

猕猴桃果实晚采的缺点主要包括：①采收时果实成熟度高，果实硬度偏低，不适合长期贮藏，需要短期内销售完毕；②较晚采收的果实贮藏运输过程中容易腐烂，造成较大采后损失；③对于病害严重的果园，果实晚采还面临果实落果严重的问题，减少产量；④对于晚熟品种而言，极度晚采可能遭受霜冻天气，对果实造成伤害；⑤极度晚采的部分品种的果实还可能面临在树上就发生果实失水、皱缩等问题，降低果品质量。

## 252. 最佳采收期的标准是怎样的？

我国培育的猕猴桃品种众多，每个品种采后生理特性均有差异，综合国内外众多科研人员的研究结果，通常认为中华猕猴桃品种的最佳采收标准为果实可溶性固形物含量达到 8％，美味猕猴桃品种则是达到 7.5％；而可溶性固形物含量达到 6.5％作为可采收标准，但实际每个品种的采收标准不完全一致，最科学的方法是针对果园的栽培品种，开展分期采收实验，得到每个主栽品种最科学的采收方案。

### 253. 采收前有哪些准备工作？

①有条件的果园定期监测果实采收指标，预测果实采收时间；②根据监测数据和天气情况等，制定采收计划表，合理安排采收人员和相关物资；③提前对冷库、果筐及采果工具等进行清洗和消毒，并确保冷库设施设备运行正常，在入库前 2～3 天将空库降温至 0～1℃；④果园在采收前 7～10 天停止灌水，并避免雨天和雨后 3～5 天内采收果实。

### 254. 猕猴桃果实的分级标准是怎样的？

目前，国产猕猴桃主要以果实重量（或大小）分级，而新西兰等国家多以果实内在品质结合果实重量进行分级。例如，国产东红和红阳，果重 100～120 克为特级，80～100 克为一级，60～80 克为二级（摘自《DB 5202/T008—2018　猕猴桃主栽品种果实采收标准》）。另外，在实际生产上利用重量分选机进行分级时，可以设置 10 克为一个级别，划分为 5～7 级。例如，金艳、金魁等大果型品种，在果实外观达到要求后，重量按照 120～130 克、110～120 克、100～110克、90～100 克、80～90 克、70～80 克、＜70 克或＞130 克进行分级。

### 255. 产地猕猴桃鲜果采后如何包装和运输？

产地猕猴桃果实采后包装容器主要有木箱、纸箱和塑料箱等，容量较大，大多都可装 10～25 千克果实。采地包装容器以"科学、经济、牢固、美观"为原则。包装容器不仅要保护果实，避免机械损伤；还要经久耐用，便于搬运、码垛。（彩图 77）

果品运输过程中尽量做到快装、快运和快卸，轻拿轻放，减少一切不必要的操作；装运、码垛时要注意安全稳当，避免运输途中移动或倾倒，造成果实机械伤害；不论使用哪种运输工具，都需要尽可能保持适宜的温湿度和通气条件；如果选择冷链低温运输，必须监控车内温度，避免温度过低或温度波动过大，造成果实冷害或冻害，或加快果实后熟；不要和易产生乙烯的果蔬，如香蕉、番茄等一起装运，因为极微量的乙烯也会促进猕猴桃软熟，缩短果实贮藏时间。

## 256. 猕猴桃鲜果贮藏条件是怎样的？

国内猕猴桃目前主要以低温贮藏方式为主，其中绝大部分使用机械冷库低温贮藏，极少部分为气调冷藏。猕猴桃适宜的低温贮藏条件为 0～1℃，90％～95％相对湿度。其中，一般认为美味猕猴桃品种比中华猕猴桃品种的抗冷性更好，因此前者贮藏温度通常在（0±0.5)℃，而后者通常在（1±

视频21 果实
贮藏

0.5)℃。猕猴桃公认的最佳气调贮藏条件为 0～1℃，90％～95％相对湿度，氧气（$O_2$）浓度 2％～3％，二氧化碳（$CO_2$）浓度 3％～5％，乙烯浓度小于 0.03 毫升/米$^3$。猕猴桃对乙烯非常敏感，极低浓度的乙烯也会促进果实软化，缩短贮藏时间。因此，务必降低或消除贮藏环境内的乙烯，通常要求库内乙烯浓度低于 0.03 毫升/米$^3$；同时也不能和易产生乙烯的果蔬混在一起贮藏，如苹果、桃和番茄等。库内经常通风换气或使用乙烯吸附剂，均可有效降低库内乙烯含量（视频21）。

## 257. 猕猴桃鲜果多长时间入库最佳？

猕猴桃鲜果从采收到入库的时间最好控制在 24 小时以内，最迟不超过 48 小时。通常，猕猴桃果实采收后还经过愈伤、分选或预冷处理之后才入库低温贮藏。果实是否进行愈伤处理，依据品种、采收时天气和采后商品化处理能力而定，并不是所有品种都需要进行愈伤处理。预冷通常在专用预冷库或普通冷库内完成。

## 258. 果实入库前需要晾果愈伤吗？怎样确定愈伤时间？愈伤的条件是什么？

愈伤是果品采后重要的预处理环节，是人为地创造适宜条件加速采收过程当中产生的猕猴桃果柄等机械伤的愈合，从而避免伤口招致微生物侵染引起腐烂。但必须在避雨、通风且较为冷凉的环境下进行，环境温度一般要求在15℃及以下，微风，通过48小时以内的晾果，达到果蒂部分变褐即可，若温度等条件达不到则不建议晾果愈伤，直接入库。

## 259. 果实需要预冷吗？怎样进行预冷？

果实预冷是猕猴桃贮藏过程中的必要环节，若没有合适的愈伤条件，采后当天即入库预冷，在采后24小时内将果实温度降到3～5℃，待全部入库后要充分制冷降温，加强通风换气，保持每个品种的适宜贮藏温度。预冷时可根据果品要求选择最佳预冷方式；一次预冷数量要适当；包装与码垛合理，保证冷却循环良好。果实预冷后，要尽快把产品转入已降温的贮藏库内。

## 260. 何为梯度降温？何种情况下需要梯度降温？

梯度降温是指果实采收后，先在温度相对较高的冷库中贮藏，按照可溶性固形物含量上升水平再逐步降温，最终达到该品种最佳贮藏低温的操作方法。这主要针对采收时果实的可溶性固形物含量偏低的果实，例如，东红果实采收时可溶性固形物含量仅7%，采回24小时内完成分选，库温调至2～3℃，当可溶性固形物含量达到9%，库温调至1.5～2.5℃；当可溶性固形物含量达到11%，库温调至0.5～1.5℃，长期贮藏至销售完。采取梯度降温，可减轻低温对低可溶性固形物果实的冷害，减少采后损失。但实际操作过程中，每个品种及不同成熟度的单品种采取的梯度降温的时间节点应经过严格的实验才能确定。

## 261. 猕猴桃鲜果是先分选后入库还是先入库后分选？

从果实分选的损耗及市场销售的便利情况看，以先分选后入库的方式更优。刚采收的果实硬度较大，经过自动分选线时受伤较轻；同时经过分选将在采收过程中受到明显机械损伤的果实及不达标的果实清除，减少入库果实中乙烯的产生，同时残次果也得到及时处理；最后进入市场时，可根据不同客户的需求按不同级别及果实品质进行销售，减少供应链的损失。新西兰采用的是先分选包装后入库贮藏的策略，其优点是根据果实外在和内在品质提前进行分类分级，合理安排贮藏和销售，减少供应链损失（彩图 78）。但此种方式必须配套有高效智能化的无损检测分选设备及技术，能保证果实从采收经分选入库时间控制在 24 小时内，最迟在 48 小时内，如果时间过长，则果实在常温下迅速软化，反而增加采后损失。

在分选能力有限的情况下，只能是先入库后分选（彩图 79）。果实采收入库后，虽然果实在低温下硬度下降慢，但贮藏过程中硬度仍不断下降，果实内含物不断转化，抵抗机械分选线上的碰撞能力下降，果实易受伤。分选后对于客户不需要的级别，得想办法销售出去，因此这种方式要和市场销售人员配合，确保每次分级后，每批次各级别果实能顺利进入市场。

## 262. 低温贮藏猕猴桃如何确定温湿度参数？

通常以维持果实正常生理代谢而又不使果实发生冷害、冻害等生理失调的最低温度为贮藏温度，一般情况下是指靠近于冰点温度又不会发生冷害的温度。实际生产贮藏管理中，为了避免冷害或冻害发生，果实适宜的贮藏温度应该稍高于这一温度。例如，美味猕猴桃品种适宜的贮藏温度为（0±0.5）℃，中华猕猴桃品种适宜的贮藏温度为（1.0±0.5）℃。贮藏的相对湿度既要使果实避免过度失水、引起果实萎蔫皱缩从而失去商品价值，又要避免湿度太高从而滋生病原菌，导致果实易腐烂。对于猕猴桃果实而言，低温贮藏环境下的适宜湿度为 90%～95%。

### 263. 猕猴桃鲜果一定要气调低温贮藏吗？

不一定需要，主要原因有以下几点。

（1）大部分猕猴桃品种本身较为耐贮，在低温下可贮藏4～6个月，完全可满足一般园艺产品的贮藏期要求。气调贮藏通常也就比低温贮藏延长1～2个月的时间，但是其性价比远远低于低温冷库贮藏。

（2）气调贮藏投资大，运行和维护成本高，一旦管理失误，容易造成极大的损失。因此，国内目前并不适合全面推广和使用气调贮藏。

（3）即使在新西兰等猕猴桃强国，气调贮藏的使用比例也不高，主要是针对晚采果实的短期贮藏，保持果实硬度，便于分选和包装；在资金允许情况下，气调贮藏更适合那些售价高而贮藏期短的品种，如红阳等。

### 264. 贮藏期冷害和冻害症状是怎样的？如何避免？

猕猴桃长期贮藏于低温环境中，易发生冷害或冻害，发生冷害的典型症状是中果皮果肉颗粒状，并伴随有水渍状，严重时部分果实还可能出现果肉空腔，果面呈现黑斑凹陷等（彩图80）；发生冻害的症状更严重，在果肉出现颗粒状及水渍状的基础上，受到冻害的果实解冻后果肉软化，出现空腔，内外果肉颜色一致，不会软熟（彩图81）。

避免果实发生冷害或冻害主要从果实成熟度、果实贮藏环境着手。首先保证果实已达到成熟，对成熟度低的果实采取梯度降温，缓慢达到最佳的贮藏温度；其次，要根据每个品种的特性来确定最佳的贮藏环境温湿度，不能低于每个品种的冰点温度，同时贮藏环境的空气湿度要求90%～95%，湿度过低也易产生冷害或冻害。

### 265. 贮藏中二氧化碳伤害的症状是怎样的？如何避免？

当果实贮藏环境中二氧化碳浓度过高（＞8%）时，果实易发生二氧化碳伤害。表现为果肉组织变为水浸状，果心变白、变硬，从果皮下数层细胞开始至果心组织间有许多不规则的较小或较大的空腔，褐色或淡褐色，果肉发酸有异味，受害果实偏硬，果肉弹性大，手指捏压后无明显压痕。

为避免产生二氧化碳中毒，贮藏过程中应及时通风，排出过多的二氧化碳和乙烯，减轻伤害。

## 266. 分选线是国产的好还是进口的好？

分选线没有哪种绝对好，哪种绝对不好，应根据自身的需要、预算来灵活选择。总体来说，进口分选线大多以内在品质和重量结合分选为主，主要厂家包括 Compac、Aweta 和 Unitec 等公司，但是售价昂贵、售后服务麻烦；国内分选线大多以重量分选为主，当然也有少部分公司朝着猕猴桃内在品质分选的方向迈进，但整体来说，国产分选线售价便宜，性价比较高，而且设计制造和售后服务点均在国内，可提供较好、较及时的客户服务（彩图 82）。

## 267. 按重量分选有何优缺点？

按重量分选猕猴桃的主要优点：①将重量相近的果实分到一起，便于统一包装，每包装盒内果实大小一致，整齐度较高，提高商品价值；②划分不同果品等级，按不同价格出售，最大程度提升果品总体价值。

其主要缺点：①不能确定果实采收时的可溶性固形物含量和硬度等成熟度指标，也就无法保证果品成熟度的一致性，无法合理安排其贮藏期限和销售时间，不利于减少采后损耗；②如果将内在品质分级和重量分级结合，则可以根据不同市场区域消费者对风味的要求提供果品，实现最大化增值；③无法高效快速识别有表面瑕疵的果实以及异形果，也就不能完全保证果实外观上的一致性和整齐度。

## 268. 按内在品质分选有何优缺点？

猕猴桃按内在品质分选的主要优点有以下。

（1）通常以无损方式快速有效确定果实干物质含量、可溶性固形物含量、果肉硬度及果肉颜色等内在品质指标，确保果实成熟度和品质的一致性及稳定性。

（2）可根据采收时果实硬度和可溶性固形物含量等指标，分类贮藏果实，做到成熟度高的果实短期贮藏，尽快上市，而成熟度较低的果实长期贮藏，减少供应链损失。

（3）可根据果实干物质含量进行果品分级，以保证果品风味品质可靠，让消费者得到最满意的产品和购物体验。

然而，其主要缺点是设备昂贵，前期投资大；无损检测技术往往需要根据待分选果实品种不同而重新建模或优化，考虑到我国猕猴桃主栽品种多达10余个，每个品种都需要单独建立模型和验证，因此实际操作难度大。

## 269. 如何将重量分选与内在品质分选结合起来？

只有将重量分选和内在品质分选有机结合起来才能更好、更全面地服务于猕猴桃分选分级，在先确定了果实内在品质分选后，再根据果实重量大小进行果品分级，更能做到有的放矢，分配果品终端走向，满足不同消费人群需求。

## 270. 什么是1-MCP？怎样使用？

1-MCP，英文全称为1-Methylcyclopropene，又称1-甲基环丙烯，是一种乙烯作用抑制剂，常用于自身产生乙烯或乙烯敏感型果蔬、花卉的贮藏保鲜。猕猴桃是呼吸跃变型果实，对乙烯非常敏感。目前产业中也在广泛使用1-MCP进行猕猴桃保鲜，通常使用浓度为$0.25\sim0.75$毫升/米$^3$，但每个品种对其要求处理浓度不尽相同，而且同一品种不同成熟度要求的使用浓度也不一样，切记使用超量超大浓度，在大规模使用前需要进行规范的实验，针对不同品种、不同成熟度确定相应的浓度后方可推广使用，否则很容易出现难以后熟的"僵尸果"。

针对猕猴桃果实需要后熟软化才能食用的特性，及目前大部分猕猴桃品种在低温下就可以贮藏4~6个月的情况，笔者不建议采用1-MCP保鲜猕猴桃，市场上常出现因操作不当而使果实风味变淡或更严重的"僵尸果"。

## 271. 何为即食猕猴桃？如何实现？

即食猕猴桃是指果实达到可食用状态，消费者购买后可以立即食用的猕猴桃；通常还要求其可食用期较长，至少达到 7 天以上较为适宜。猕猴桃商业采收时果实较硬，硬度通常在 40 牛顿以上，需要放置较长时间方能后熟和食用。除了低温贮藏较长时间等待果实自然软熟之外，也可以使用乙烯处理或温度处理来催熟，以缩短果实软熟需要的时间，提前上市销售。

根据笔者团队开展的小规模催熟实验结果，以东红猕猴桃品种为例，简要介绍乙烯和温度催熟处理操作，供其他猕猴桃品种催熟处理参考。对于刚采收的果实或贮藏后果实硬度仍大于 30 牛顿的东红果实，可以采取乙烯催熟处理。处理条件为 100 毫升/米³ 乙烯浓度，20℃密闭熏蒸 12 小时，处理后在 20℃ 条件下贮藏 1～2 天果实达到可食状态；处理后 1.5℃ 条件下贮藏 7～14 天果实达到可食状态。也可在处理后，果实硬度达到 20 牛顿时转入低温贮藏，可适当延长食用货架期。乙烯催熟处理效果主要依赖于乙烯浓度、处理时温度和处理时长等三个因素。总体上，处理浓度越大，处理时温度越高，处理时长越长，乙烯催熟效果越好，果实软化越快，达到可食的时间越短。

对于贮藏期大于 5～6 周或果实硬度小于 30 牛顿的东红果实，可直接通过高温处理来催熟，催熟处理温度以 15～20℃ 为宜，温度越高，果实软化越快；20℃处理仅 4～7 天后果实便可达到可食用状态。另外，猕猴桃还具有 8～14℃ 低温诱导果实软化的特性，但是不同品种需要的诱导低温不同，需要研究清楚后方可实施。

## 272. 奇异莓品类如何贮藏保鲜？

奇异莓多指从软枣猕猴桃、陕西猕猴桃等类型中选出的品种，其主栽品种有魁绿、红宝石星、龙成 2 号、LD133、桓优 1 号、猕枣 1 号等。奇异莓采后易软熟，不耐贮藏，即使低温下也只能贮藏 4～6 周。适宜的低温贮藏条件为 1～2 ℃，90％～95％相对湿度。

## 273. 什么样的包装适合奇异莓？

由于奇异莓后熟过程比传统的中华猕猴桃、美味猕猴桃快，一般常温下 2～5 天即可软熟，并且皮薄易破损、腐烂，因此一般需要容量小、扁平、抗挤压的包装，避免挤压碰坏。低温贮藏时果筐装果量 7.5～10 千克，装果高度约 10 厘米（彩图 83）；商场售卖包装一般要求最多装果两层，每盒 100～200 克；快递包装时，要求有较软的海绵类内衬，单果分离固定（彩图 84）。

# 主要参考文献

黄宏文，钟彩虹，胡兴焕，等，2013. 中国猕猴桃种质资源 ［M］. 北京：中国
　林业出版社 .

王仁才，吕长平，钟彩虹，2000. 猕猴桃优质丰产周年管理技术 ［M］. 北京：
　中国农业出版社 .

郗荣庭，张上隆，李嘉瑞，等，2008. 果树栽培学总论 ［M］. 北京：中国林业
　出版社 .

张洁，2015. 猕猴桃栽培与利用 ［M］. 2 版 . 北京：金盾出版社 .

钟彩虹，陈美艳，李黎，等，2020. 猕猴桃栽培理论与生产技术 ［M］. 北京：
　科学出版社 .

钟彩虹，陈美艳，李大卫，等，2020. 猕猴桃生产精细管理十二个月 ［M］. 北
　京：中国农业出版社 .

［日］末泽克彦，［日］福田哲生，2008. 猕猴桃作业指导手册 ［M］. 东京：农山
　渔村文化协会 .

## 图书在版编目（CIP）数据

猕猴桃高质高效生产200题 / 钟彩虹，陈美艳主编
. —北京：中国农业出版社，2022.11
（码上学技术. 绿色农业关键技术系列）
ISBN 978-7-109-30055-2

Ⅰ.①猕… Ⅱ.①钟… ②陈… Ⅲ.①猕猴桃—果树
园艺—问题解答 Ⅳ.①S663.4-44

中国版本图书馆 CIP 数据核字（2022）第 177315 号

猕猴桃高质高效生产200题
MIHOUTAO GAOZHI GAOXIAO SHENGCHAN 200 TI

中国农业出版社出版
地址：北京市朝阳区麦子店街 18 号楼
邮编：100125
责任编辑：李 瑜 黄 宇
版式设计：杜 然 责任校对：吴丽婷
印刷：中农印务有限公司
版次：2022 年 11 月第 1 版
印次：2022 年 11 月北京第 1 次印刷
发行：新华书店北京发行所
开本：880mm×1230mm 1/32
印张：4.75 插页：8
字数：140 千字
定价：35.00 元

彩图 1　主路和排水沟

彩图 2　护坡不到位

彩图 3　山地梯田

彩图 4　龟背垄

彩图 5　防风林、操作道

彩图 6　防雹网

彩图 7　拱形大棚

彩图 8　金　魁

彩图 9　瑞　玉

彩图 10　红　阳

彩图 11　东　红

彩图 12　翠　玉

彩图 13　金　艳

彩图 14　魁　绿

彩图 15　华　特

彩图 16　2 年生植株根系

彩图 17　二次梢

彩图 18　短果枝

彩图 19　枝条自剪

彩图 20　单氰胺处理（箭头处为处理后）对比

彩图 21　多歧聚伞花序

彩图 22　穴盘移栽小苗

彩图 23　小脚现象

彩图 24 耐涝砧木嫁接东
红第一年长势

彩图 25 切 接

彩图 26 夏季腹接

彩图 27 劈 接

彩图 28 舌 接

彩图 29　低位嫁接

彩图 30　嫁接口坏死

彩图 31　嫁接芽突然萎蔫死亡

彩图 32　行间种草

彩图 34 套 种（种植距离太近）

彩图 33 树行带覆盖地布

彩图 35 微喷灌

彩图 36 幼龄果园施基肥

彩图 37 基肥未拌匀烧根

彩图 38 追肥过近过浓

彩图 39　Y 形棚架

彩图 40　一干两蔓

彩图 41　圆头形树形

彩图 42 内膛空虚

彩图 43 留枝过多过短

彩图 44 主干环剥

彩图 45 把门枝控制过度

彩图 47　铃铛花及初开花

彩图 46　旺枝促发中庸二次梢

彩图 48　灯泡爆粉

彩图 49　花对花授粉

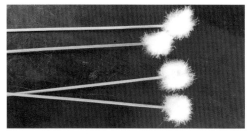

彩图 50　人工点授授粉器

彩图 51　染色辅料

彩图 52　蜜蜂传粉

彩图 53　环状喷头喷施 CPPU

彩图 54　疏　蕾

彩图 55　金艳一级侧花蕾
坐果

彩图 56　种子数量决定
果个大小

彩图 57 溃疡病（茎干）

彩图 58 溃疡病（叶）

彩图 59 果实软腐病

彩图 60 黑斑病

彩图 61 花 腐

彩图 62 蒂腐病

彩图 63 褐斑病

彩图 64 介壳虫

彩图 65 叶 蝉

彩图 66 蝙蝠蛾

彩图 67 金龟子

彩图 68 涝 害

彩图 69 干旱胁迫

彩图 70 日 灼

彩图 71 冰雹危害

彩图 72 风 斑

彩图 73 授粉受精不良

彩图 74 金艳幼果热害

彩图 75 缺硼藤肿

彩图 76 缺 铁

彩图 77 果实采收与初选

彩图 78　成品库

彩图 79　原料库

彩图 80　果实冷害

彩图 81　果实冻害

彩图 82　分选包装

彩图 83　软枣猕猴桃采摘

彩图 84　软枣猕猴桃包装